・・・小さく分けて考える・・・

原子思考

減少 **80%** 的無效努力，增加 **1000%** 的驚人成長

菅原健一 著
王蘊潔 譯

「努力也沒有成果」，是因為從思考開始就錯了。

努力無法獲得成果，即使再拚命，也無法受到肯定。

你是否也曾經有這種想法？

即使一直在工作，但工作永遠都做不完。

雖然為了達到目標必須努力，但是，努力的結果又是什麼呢？

如何才能有理想的結果呢？

我負責的工作，真的有辦法有良好的結果嗎？

只要我全力以赴，努力不懈，以後真的能夠獲得成果，業績提升，升遷加薪嗎？

但是，沒有人能夠預測未來的事，所以最後只能嘆著氣，無奈地繼續低頭做手上的工作。你是否曾經有過這種狀況？

以前的我就是這樣。

為什麼努力無法獲得成果？

現在回想起來，會覺得那樣的結果是理所當然。因為按照我當時的努力方式，的確不可能獲得成果。（如果現在的你在工作上無法得心應手，很可能陷入了和我當時相同的情況。）

在當今的社會，**想要在工作上有所成就，靠的不是「努力和工作量」，而是「腦力和效率」**。

「沒頭沒腦的努力」是最沒有效率的行為，在此之前，必須先判斷「什麼是真正重要的工作？」，然後思考「如何才能以最佳狀態，完成這項重要的工作？」

這個世界上，有人用這種方式思考之後，可以花十個小時，就完成你或是當年的我花一百個小時也無法完成的工作。因為我們不加思考就投入工作，然後花了一百個小時，仍然成績不佳，他們會先針對工作進行分析，思考「什麼是真正重要的工作？」，在做之前，就判斷什麼是沒有意義的事，減少無用功。

如今社會上有兩種人，一種是努力可以獲得成果的人，另一種是努力也無法獲得成果的人。正因為如此，「思考方式」越來越重要，能夠讓努力和投入工作的時間帶來成果。

這本書，是為那些努力卻無法獲得成果的人而寫。

內心有煩惱的人、想要成長的人、不知道該如何提升解析度的人，還有雖然有想做的事，卻無法具體做出決定的人，這些人都有一個共同點。那就是他們沒有明確的課題、目標和未來。

要明確，不能模糊。必須將原本模糊不清的課題和目標進行分解，才能夠具體化。

我身為協助企業獲得成功的成功包辦人，擔任多家企業的指導師，在為企業提供指導時，我所使用的正是「原子思考」的方法。

如果覺得在腦袋中思考沒有進展，就把問題加以分解，寫在紙上進行整理。遇到不了解的事，就藉由調查增加資訊，然後再次思考，就一定能夠找到解決方法。

前言

明明努力思考，思考卻一直在原地打轉，遲遲無法得出結論。

思緒很亂，不知道該從哪裡開始思考——。

無法順利把自己的想法傳達給對方——。

明明很努力，卻沒有成果——。

雖然自認為「努力思考」，卻遲遲無法找到答案，無法繼續向前邁進。

但是，以上這些問題都可以用相同的方法解決。

只要把大問題拆解就好！

只要把一個問題分解成許多小問題就好！

可以把搞不清楚重點的大問題，分解成許多小問題後再思考。

只要做這件事，就可以讓之前無法解決的問題，或是不知道該如何下手的問題迎刃而解。

本書的重點，就在於藉由將大問題「分解成小問題後重新思考」，在問題中發現真正必須解決的課題，排除無效努力，讓所有的努力都有成果。

為什麼能夠實現時薪三十萬圓的「打壁球」工作？

我目前經營的 Moonshot 公司，專門為企業提供指導服務。

每次這樣自我介紹，經常有人問：「所以那是顧問公司嗎？」

但是，指導師（adviser）和顧問（consultant）工作似是而非。

簡單來說，指導師的工作就是「打壁球」。所謂「打壁球」，原本是運動員練習網球時，對著牆壁進行擊球練習，但在商務工作上，專門指和別人聊一聊自己內心模糊的想法，或是討論尚未找到答案的問題，藉由聊天的過程整理思緒。我的工作就是「陪別人打壁球」。

顧問公司通常投入較多人力，以三個月左右的時間完成一項專案。首先在短時間內吸收客戶業界的相關資料，總結客戶面臨的課題，尋找出解決方案，然後用簡報方式向客戶提案……這樣的工作方式雖然是腦力勞動，但經常需要很多接近體力勞動的作業。

我目前從事的工作，就是傾聽經營者的問題，然後提供指導。在和經營者一對一聊天的過程中，提供各種建議。既不需要事先準備資料，也不會有所謂的「回家作業」，但每年都有十家公司和我簽約，還有從五年前，我公司剛成立時，就持續合作至今的公司。

我合作的那些公司的經營者認為「總覺得有點不太順利」、「公司的成長不如預期」，但是又找不到「為什麼不順利？」、「為什麼成長不如預期？」

這些真正的問題和課題。我的工作，就是在陪他們「打壁球」時，找到問題的癥結。

整理出問題，發現課題後，在解決這些問題和課題過程中，我有時候會提出「離開目前已經成熟飽和的市場，進軍其他還有很多機會的市場」這種大規模的提案，有時候也會促使經營者轉念。

解決問題的方法有很多，但我自始至終堅持一件事，那就是不要單方面引導對方「使用這個方法」，而是在聊天過程中，由經營者說出自身的想法，然後再協助對方整理，引導經營者自己發現解決問題的方法。

我的時薪三十萬圓，換句話說，我做的是「時薪三十萬圓的陪打壁球」的工作。或許有人認為「只是聊天而已，就這麼好賺?!」「就只是聽對方說話，然後協助對方整理，就賺這麼多？」但是我和客戶之所以能夠持續合作關係，就是因為我能夠發現對方自己無法發現的「問題」或是「課題」，找出更妥善的「解決方案」，協助企業的進一步發展。

但是，其實我所使用的基本方法很簡單。

那就是**「原子思考」**。

我在三十多歲時，以十幾億圓的價格出售了公司，之後繼續留在那家公司，擔任行銷總監，三年內，就讓那家公司發展成年度營收達到數百億圓的公司。在行銷方面，也在市場行銷學之父菲利普・科特勒[1]先生舉辦的「科特勒獎」中，成為三名日本籍評審之一，同時也成為天使投資人[2]，累計投資了三十家公司。

我並沒有大學文憑。

在證照方面，我甚至沒有駕照。

1 編註：Philip Kotler，一九三一年出生於美國芝加哥，曾獲得芝加哥大學經濟學碩士學位和麻省理工學院經濟學博士學位。他是世界上市場行銷學的權威之一，美國西北大學凱洛管理學院國際行銷專業莊臣（S. C. Johnson）名譽教授，教授國際市場行銷學。

2 編註：Angel investor，是指提供創業資金以換取可轉換債券或所有者權益的富裕個人投資者。

但是，我藉由建立這種思考方式，累積了連我自己都沒有想到的成績。

我將在本書中，向各位介紹「切成小塊思考」——原子思考的方法。

工作順利和工作不順利的人，哪裡不一樣？

我因為工作關係，有機會為很多企業和個人進行指導，在參與五花八門、各式各樣的專案過程中，發現了順利和不順利時的共同問題。

這個共同問題，就是**能不能把目的和目標「分解」，進而建立正確的目的和目標**。

「分解」就是「細分」，就是把各個部分切開、精修的作業。

這就像是切除鑽石原石中的不純物質，讓鑽石綻放光芒，精修巨大肉塊（去除筋和脂肪部分），「只萃取真正有價值的部分」。

因為面對的現象太巨大、太複雜，才會陷入煩惱。所謂「大」，就代表找不到重點，「複雜」就是很多要素錯綜複雜地糾結在一起。

「分解」之後，就可以讓事物變得更加具體，或是變成更容易著手進行的內容，或是更加明確。一旦發現了成為問題和課題的要素，就只要安排優先順序，逐一解決就好。

大部分工作不順利的人或組織，往往忙著處理眼前一些屬於細節問題的任務，迷失了目的。如果認為自己很努力，卻沒有成果，或是即使眼前有了成果，也覺得只是臨時抱佛腳的僥倖，十之八九是因為沒有將工作妥善分解。

有時候目標太大，也會導致大家缺乏共同認識，想不出具體方案。雖然本年度勉強達成了目標，但是聽到「下一個年度要努力達成兩倍的營收目標」，就覺得自己「沒辦法」、「已經無計可施了」。這完全就是沒有進行分解的狀態。

那些工作順利的人和組織，在實現一個巨大的目標時，會使用這種方法妥善分解，了解如何才能實現目標，避免做任何無效的工作。

比方說，Google 這家公司使用了ＯＫＲ（Objective and Key Results）這種將目標和目的分解後進行管理的管理方法，將巨大的目標進行分解後，決定個別的目標。

據說目前在大聯盟大顯身手的大谷翔平，為了實現在選拔賽中獲得第一名，成為職棒選手的夢想，在高中一年級時，就將自己必須完成的任務寫在一張紙上，然後持續努力。即使是像夢想這種巨大的目標，也要分解成為了達到目標該做的事，逐一加以完成[3]。

也許每個人心目中都有「我想變成這樣」的理想生活、理想工作的模式，但是，如果只是想像「我要像這樣生活」，往往很難真的達到目標。但是，如果將「理想」分解成「我要達到年收入一千萬圓！」，或是「我想要從事的工作」等「具體」的項目，更有助於找到達成理想的方法。

一旦分解，可以改變對事物的看法，提升解析度，就能夠想出達成目標的明確方法。

聰明的人、能幹的人，都在高解析度的情況下觀察事物

前面提到了「解析度」這幾個字。

這是近幾年開始使用的詞彙，代表能夠清晰而仔細地認識事物的意思。以前的數位相機拍出來的照片解析度很低，用新的電腦看這些照片時，就好像打上了馬賽克，無法清楚看到細節的部分。但是，高解析度的照片，即使細部也可以看得一清二楚。

「解析度」高的人通常能夠從大範圍俯瞰事物，同時能夠將事物「分解」後進行觀察。

3 原註：相澤光一，〈「早餐三碗飯，晚餐九晚飯」大谷翔平十年前寫的八十一個曼陀羅約定。〉，PresidentOnline，二〇二一年七月十二日 [https://president.jp/articles/-/47766?page=2]

圖 0-1
持續煩惱的人，和養成分解習慣，發現真正該做的事的人

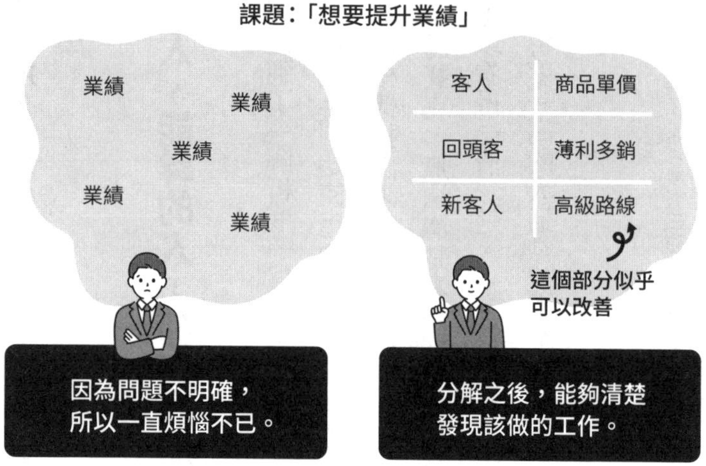

正因為如此，他們才能夠具體而詳細地思考問題。

即使想到了理想的方案，也不妨視為「分解出來的一部分」，然後進一步思考更出色的方案。

如果不進行分解，思考往往會很模糊，無法傳達給別人，或是太抽象，不知道該從何做起，而且還會覺得「因為有人這麼說」，就開始貿然採取行動。

最糟糕的情況，就是未經

深思熟慮，就貿然做出以下的決定。

「要增加人手。」

「要增加預算。」

「反正努力就對了！」

一旦增加人手和預算，必須完成的利潤目標就會增加，而且**如果個人和組織除了「努力」，沒有其他能力，未來就會變得很渺茫。**

「做出更理想的選擇，投入高效率、更有價值的工作。」

「雖然很努力，但整天只能忙於眼前的工作。」

這兩種情況的差異，就在於「是否養成分解的習慣，優先投入重要的事」。

這是任何人都能夠養成的思考習慣，也很希望大家能夠養成這種習慣。

問題不斷的工程師時代——養成原子思考的契機

為什麼我會開始用這種方式思考？不妨來回顧一下往事。

我從二十歲開始當工程師，必須承認，我絕對不是優秀的工程師。

在我二十二、三歲時，出現了 i-mode、EZweb、J-Skyweb 等可以用手機傳送、接收電子郵件和瀏覽網站的服務，我的工作，就是為這些收費服務寫程式。

當時，傳統的功能型手機很少提供這項功能，而且正值日本的絕大多數人都開始使用智慧型手機的時期，所以使用我們這些收費服務的人數暴增。

現在有 AWS（Amazon Web Service）等雲端主機，只要投入資金，就可以比較自由地增加主機的數量，但是當時並沒有這種服務，無法臨時增加十倍的主機數量，因應客戶的需求。

問題是在主機增加之前的一個月期間，並不能停止提供服務，所以工程師只能努力寫增加十倍處理能力的程式。

推出某項服務之後，隔天突然暴紅，通常會發生當機問題。如果不在數小時內修復，就會出現鉅額的損失。當時三不五時就會遇到這種危險的狀況。

在遭遇問題時，因為形勢所逼，我逐漸養成了分解問題的思考習慣。為了能夠讓當機的服務恢復正常，我逐漸學會了分解所有的要素，再進一步思考的習慣。

首先思考「為什麼流量增加，會造成當機？」於是就可以分成「網路的問題」和「程式的問題」這兩大項（就是網速是否太慢，以及程式是否無法負荷）。在完成分解的基礎上，如果發現網路沒有問題，就進一步細分哪一個程式有問題，或是在不需要使用程式的地方使用了無效程式，導致拖累了整體速度等，列出所有可能的原因。

我就是用這種方式，分解所有的要素，逐一確認每一項要素是否有問題，找到需要改善的地方，然後動員所有人，傾力解決問題的癥結。

圖 0-2 分解原因，查明問題

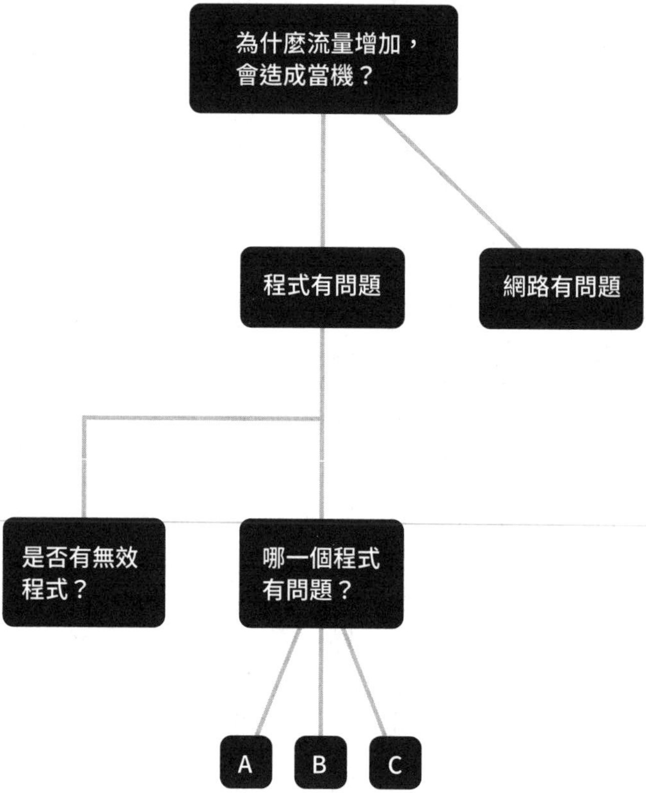

問題到底在哪裡？

之所以要用分解的方式列出各項要素，是因為沒有充裕的時間確認所有的要素。雖然也可以逐一嘗試想到的方法，但這種方法很耗費時間，一旦失敗，就可能造成無可挽回的後果。

每天問題不斷，在分解要素、發現問題後加以改善，這樣的生活持續了將近三年，也因為這個原因，我在不知不覺中，養成了「分解後發現具體問題」的習慣。

基於當時的經驗，我認為原子思考有助於正確掌握問題和課題，及時決定解決問題的措施。方法雖然簡單，卻很實用。

思考的差異將改變人生的品質

再聊一聊更大格局的事。

無論工作和人生都很順利的人，都知道什麼是重要的事。從重要的事開始思考，明確必要的事，只要用最低限度的努力，就可以獲得超過十分的成果。

無論順利或是不順利的人，表面上看起來，都在處理眼前的事，但其實兩者之間有很大的差異。一個是確實完成能夠最短距離達成目標的任務，另一個只是基於惰性處理眼前的任務，結果當然也大不相同。

要努力做到以下的事。

- 針對真正重要的一件事，
- 妥善進行分解，
- 明確誰該做什麼，
- 同時明確今天、明天、一個月後或是一年後該做什麼事，可以獲得什麼樣的成果。

圖 0-3 分解的狀態和沒有分解的狀態

【分解的狀態＝理想狀態】

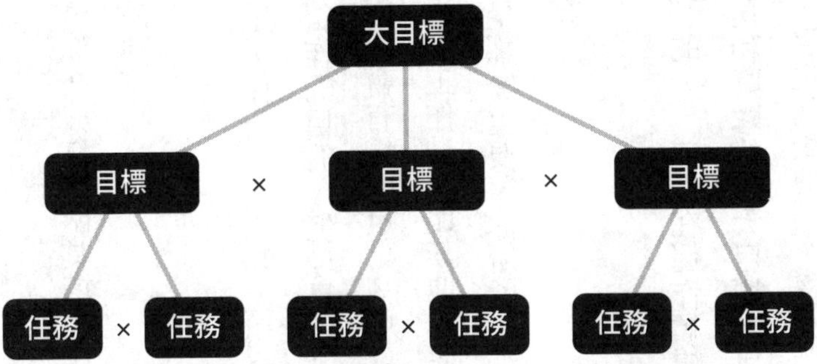

一個大目標可以分解成多個目標，進一步設定成多項任務，
達到目標，同時必須能夠選擇取捨。

【沒有分解的狀態＝不理想狀態】

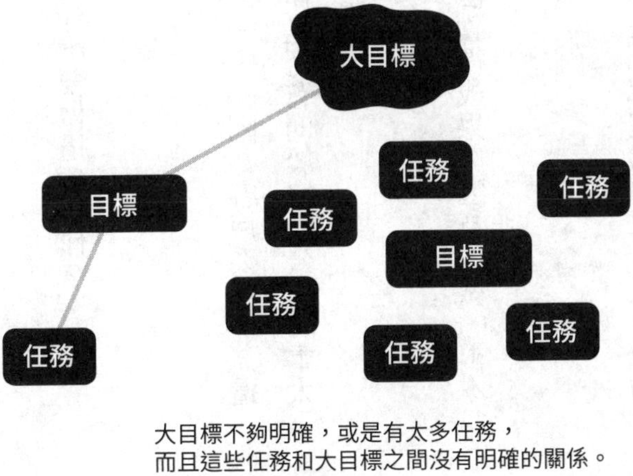

大目標不夠明確，或是有太多任務，
而且這些任務和大目標之間沒有明確的關係。

比方說，你今天打算做某項工作。但是，為什麼要做這項工作？

你有辦法回答嗎？

「因為是工作」、「因為上司交代我這麼做」、「因為客戶委託」，這些當然都是工作的目的，但你是否了解這項工作是否有助於完成公司的重大目標？或是對社會有什麼貢獻？可以創造什麼價值？

而且，這項工作是否比其他工作更重要？

如果不是那麼重要，你所做的工作當然無法獲得成果。因為你做的根本不是重要的事。

工作順利的人，或是在運作順暢的組織內的人，都確信自己今天所做的工作，對公司和團隊的重大目標和目的有所貢獻，而且也了解能夠為社會帶來什麼價值。這也代表他們不會做無效的工作，有助於在工作上獲得成就感，和工作上能夠獲得成果。

如果你覺得目前的工作不順利，或是覺得目前的工作沒有意義，請先閱讀第二章和第三章，重新檢視目標和目的。

第1章 細分後再思考的「原子思考」

第2章

用「原子思考流程圖」達成工作目標

第3章

用「原子思考流程圖」實現自己的理想

第4章

完成目標、業務、行銷、日程安排、會議、提案、創意、團隊領導……各種運用在工作上的分解

附錄　提升解析度，思考的啟示
「思考」作業不必悶頭進行

第 1 章

細分後再思考的「原子思考」

「原子思考」有助於發現真正重要的事

所謂「原子思考」，顧名思義，就是細分後再思考。

分解之後，有助於以下的事項。

- **提升解析度**
- **明確問題點**
- **發現真正重要的課題**

「分解」的好處是什麼？

為什麼「分解」對我們有所幫助？

首先，我想從簡單的事開始說起。

圖 1-1 分解不明確的事，變得更具體

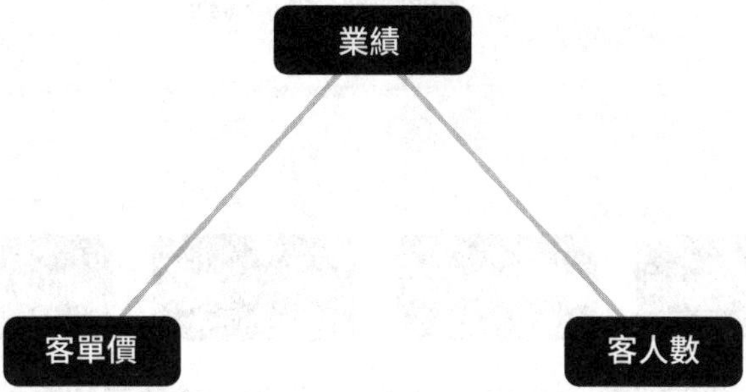

假設主管提出，「希望下一年度要達成兩倍的業績」。如果主管只是說「希望達成兩倍的業績」，下屬不知道該從哪裡著手，覺得只要多賣商品就好，於是就毫無計畫地推銷。

但是，如果分解思考，了解「業績」數字的結構，就會發現以下的公式。

業績＝「客人數」（顧客人數）×「客單價」（每一位顧客平均購買商品金額）

於是，就可以了解哪些選項有

圖 1-2 分解「總覺得不太順利」

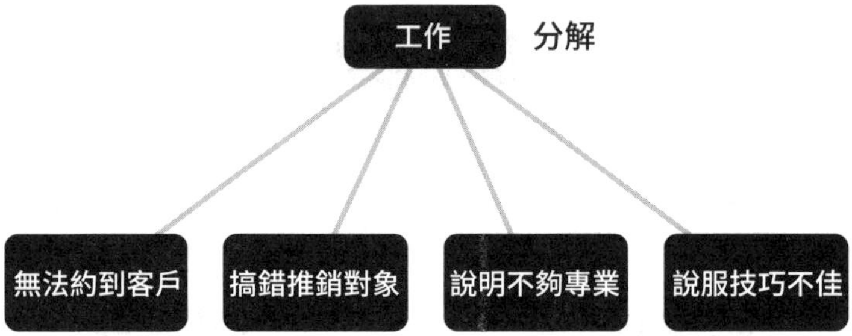

只要了解哪一項出了問題，就可以明確改善的方向。

助於提升業績，就能夠採取更具體的行動，也可以思考針對哪一方面進行改善，有助於輕鬆達到目的，或是可以雙管齊下，同時提升兩個選項的數字。

再舉另一個例子。

假設公司業務部門的後輩對你說：

「總覺得工作好像不太順利。」

通常聽到這種話，會覺得「我怎麼知道你哪裡不順利」，不知道該怎麼回答。

但是，不妨分解一下後輩的「工作」。

- 是不是無法約到客戶？
- 是不是搞錯了推銷的對象？

圖 1-3 解析度低的人和解析度高的人思考方式不同

〈解析度低〉

「努力提升業績！」

〈解析度高〉

「我們用這種措施，提升客單價。」

〈解析度低〉

「總覺得不太順利。」

〈解析度高〉

「我認為是因為找錯了對象，所以遲遲無法約到客戶……」

- 是不是面對客戶時，說明不夠專業？
- 是否簽約之前的說服技巧不佳？
- 還是有以上多項複合的原因？

用這種方式分解「工作」，就可以了解「好像不太順利」，具體是怎麼回事。

工作能力強的人，都具備這種原子思考的能力。

尤其是那些被認為「高解析度」的人，分解的精度很高，所以能夠選擇恰當的方法，高效率地完成出色的成果。

圖 1-4 分解和邏輯思考

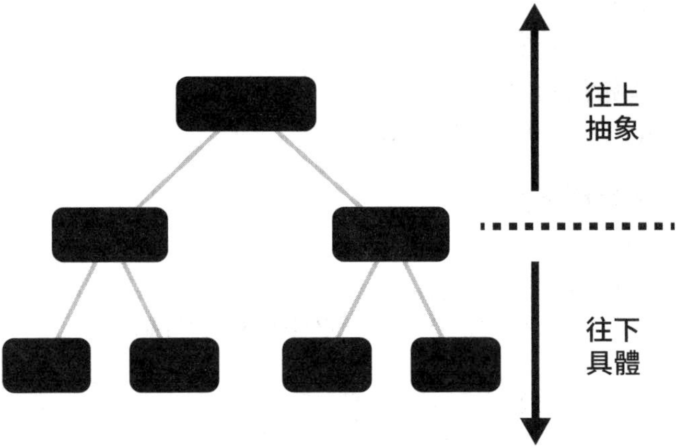

分解和邏輯思考

分析很像「邏輯樹」。

相信很多人曾經看過上面這張圖。

在上面的圖中，越往下，要素就會逐漸分解，可以了解構成要素，變得更加具體。

越往上，就越抽象，能夠以更高階層的視角看問題。

一定有人說，「我當然知道」，但是很多人雖然知道概念，卻並沒有落實到具體的工作和日常思考中，正因為如此，才會整天煩惱，說話沒有重點，無法順利達到溝通的效果。

本書將介紹更簡單的「分解」方法，作為在日常工作和職涯遇到煩惱時，有效的思考方式。

原子思考的優點

以下列舉原子思考的優點。

・有助於提高生產性＝避免胡亂努力，獲得最大的成果

如今已經進入人口減少的時代，無法增加生產人口（勞動力），國家和企業的生產性更受矚目。即使不增加人手，只要每個人的生產能力從一提升到二，即使人數相同，生產量也可以增加為原來的兩倍，有越來越多人認為，用這種方式提高生產量更加合理。

生產量＝生產人口（工作的人）×生產能力（每個人）

〈如果想要生產量增加為兩倍……〉

生產量×２＝（生產人口×２）×生產能力→必須僱用人手……

生產量×２＝生產人口×（生產能力×２）→提升每個人的效率

在這種狀況下，原子思考可以成為工具，有助於提升生產性，把時間投入更重要的工作上。

懂得運用原子思考，就可以消除無效努力，提升工作效率。

今後將是一個更重視「品質」的時代。

在沒有網路的時代，製造業不可能在明天突然生產出相當於今天十倍的產品。

但是，在網路時代，資訊可以輕鬆複製，相隔一天，完全有可能提供十倍、一百倍的服務。

只不過想要達到如此巨大的銷售量，「品質」就成為大前提。為此，必須極力避免做無用功，把能力和時間都用於提升品質。

・把模糊不清的說明變得明確、提升解析度

比方說，即使聽到「這項業務不順暢」的情況，也很難知道該如何改善那項業務，上司也無法提供良好的建議。

但是，如果明確說明，「這項業務流程中，這個部分特別耗時，成為作業的瓶頸，是不是可以考慮改變這個順序？」對方就更容易明確了解（下一頁圖 1-5）。

通常被人認為「工作能力很強」、「很聰明」的人，都能夠在分解問題後，具體提出課題。

分解得太細，也會影響對方的理解。如果能夠根據對方的能力程度進行分解說明，即使自認為自己和別人並沒有什麼不同，但周圍的人會覺得你與

圖 1-5 分解後，更容易傳達給對方

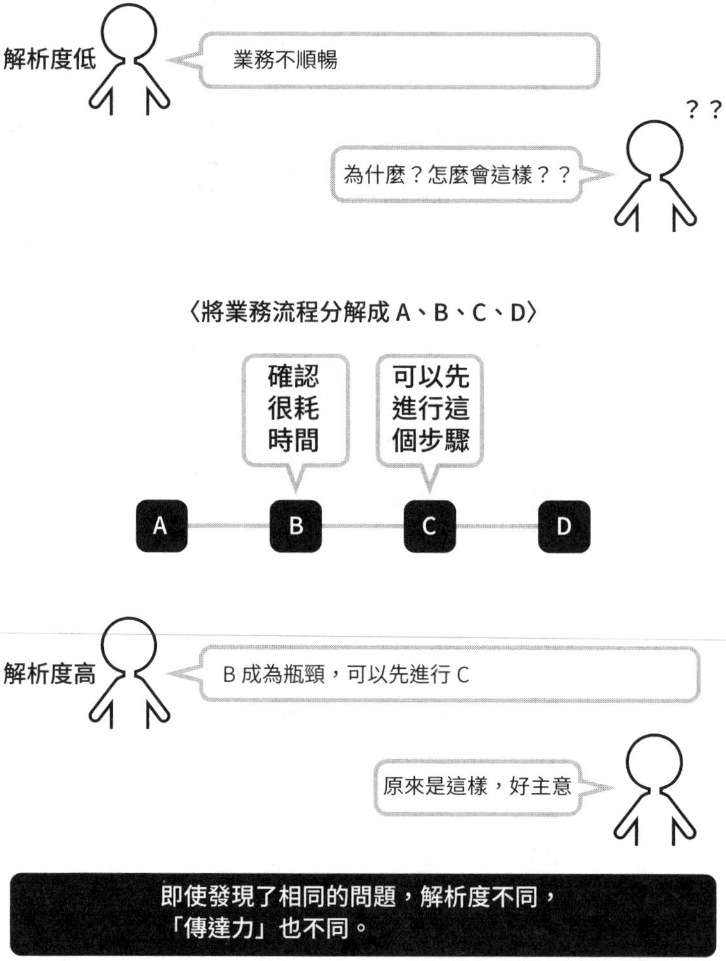

眾不同。

・分解整體狀況，就可以針對不同的對象說適當的話

分解整體狀況後，就能夠了解針對不同的對象傳達的內容，談話更加順暢。

比方說，某家連鎖餐廳在提出了「重振持續惡化的業績」作為整家公司的目標。在調查業績惡化的原因後，發現相同性質的餐廳增加，被捲入了價格競爭，於是就決定用「價格」以外的要素吸引顧客，提出了「追求健康」的方針。

這種情況下，如果只告訴董事長「雖然成本會增加，但我們要增加蔬菜的分量」、「增加沒有碳水化合物的菜單」，董事長也難以判斷。同時，即使對團隊成員說，「我們要提升持續惡化的業績」，團隊成員也不知道自己該做什麼。

這種時候，分解整體狀況，更能夠清楚了解該對誰說什麼話。

可以向董事長報告，「我們將藉由推出顧客單價更高的健康餐點，以業

圖 1-6 可以針對不同對象，說明不同的重點

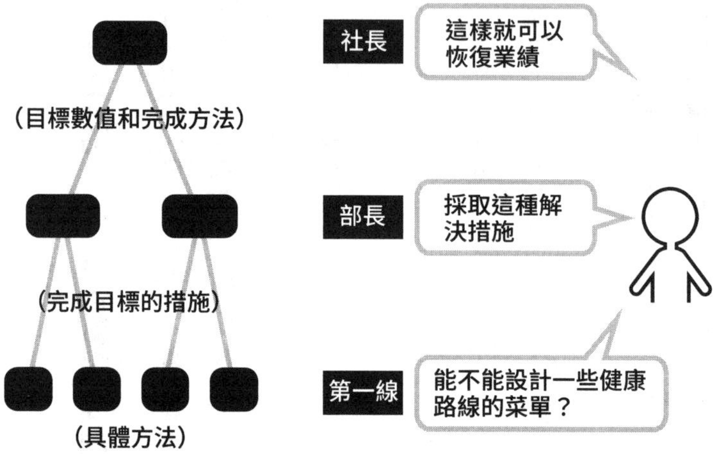

（目標數值和完成方法）
（完成目標的措施）
（具體方法）
社長
這樣就可以恢復業績

採取這種解決措施
第一線
能不能設計一些健康路線的菜單？

績比去年度增加百分之兩百為目標」。

面對部長時，可以報告「我們將①開發大量使用蔬菜的菜色、②宣傳走健康路線，以業績比上一季增加百分之兩百為目標」。

面對團隊成員時，則可以說明「希望可以設計一些成本比較低，可以大量攝取蔬菜的菜色」、「想一下該如何宣傳健康路線的餐點」。

針對不同的對象，說明不同的重點，工作就可以更加順暢。

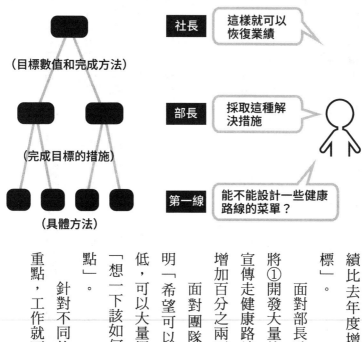

・可以想到更多努力的方向

不妨以私人經營的糕餅店作為思考的範例。

私人經營的糕餅店整體的營收取決於「銷售數量×每一款糕點的平均單價」。

比起只是要求「提升營收」，將營收分解成「銷售數量×平均單價」，更能夠了解該朝什麼方向努力。

「銷售數量」還可以分解成「人數×購買次數×平均購買數量」。

在考慮如何增加「人數」的問題時，很容易想到「在社群網站上打廣告」，或是「舉辦試吃活動」，如果能夠針對「人數」進一步分解，提升解析度，就可以更進一步了解狀況。

比方說，是否可以分成「買給自己吃」和「買了送人」這兩種情況？（下一頁圖 1-7）

圖 1-7 分解後，思考採取必要的措施（私人經營商店）

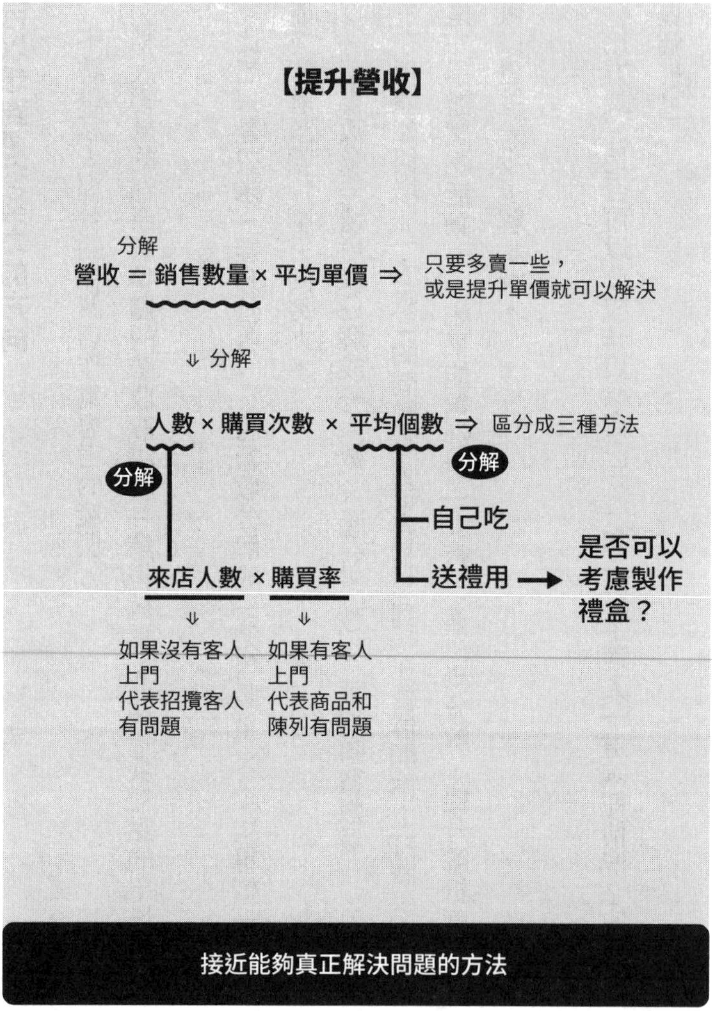
【提升營收】
分解
營收 ＝ 銷售數量 × 平均單價 ⇒
只要多賣一些，
或是提升單價就可以解決
⇓ 分解
人數 × 購買次數 × 平均個數 ⇒ 區分成三種方法
分解
分解
自己吃
送禮用
是否可以
考慮製作
禮盒？
來店人數 × 購買率
如果沒有客人
上門
代表招攬客人
有問題
如果有客人
上門
代表商品和
陳列有問題
接近能夠真正解決問題的方法

也就是說，可以分解成「糕餅 × 自己吃」和「糕餅 × 送禮用」。

假設客人只買來自己吃，每個月只買一次，平均只買一個。如果能夠讓客人把店內的糕餅作為伴手禮，企業作為贈禮的情況也會增加。客人只要一個月購買四次（每週一次），平均每次買六個，就可以賣出二十四個。因此，在銷售數量的問題上，就有更多選項。

除此以外，「人數」也可以分解成「來店人數 × 購買率」（圖 1-7），了解走進店內的客人中，購買商品的比例是百分之幾。

分解之後，如果發現來店人數很多，但購買率很低，可能是商品本身或是陳列有問題；如果來店人數很少，或許可以知道「雖然本店位在人來人往的理想地點，但客人走進店內的機率很低，所以糕餅賣不出去」，還是「這附近根本沒有人經過，所以根本賣不出去」。

光看營收的數字，可能難以了解改善的方法，但只要把營收分解成銷售數量×客單價這兩大項，就可以針對「增加銷售數量」、「提升客單價」這兩個方向進行改善。

然後，再進一步將銷售數量分解成「來店人數×購買率×購買次數×平均個數×平均單價」這五個項目，提升解析度，就可以針對「這家店附近很少有行人經過，是不是店面的位置不理想」、「也許可以設法提升購買率」、「是否有辦法讓客人每個月都來買幾次？」、「這家店的店面位置很好，也有客人來店裡，所以除了客人自用以外，是否可以推出六個包裝的禮盒商品？」等展開討論。

比起毫無計畫地推出新商品，或是增加在社群媒體的曝光度，可以激發更具體的點子，找到有助於改善現況的必要措施。

・分解有助於避免爭執

分解還有另一個好處，那就是可以在避免對立的情況下，表達自己的意見和主張。

圖 1-8 分解後溝通，就可以避免爭執

最重要的是推出能夠
賣得好的商品企畫
除此以外，也可以
討論一下銷售方法
商品送到客戶
手上的過程
好商品
×
恰當的銷售方法
避免對立

比方說，可以想像一下，公司內部針對「如何才能推出暢銷商品的企畫」這個問題進行討論。

上司提出了「要推出各種企畫，才能夠提升營收」的主張，但是你無法認同這個意見。

這種時候，如果提出「不，我認為思考銷售方法比企畫的數量更重要」，就等於當面否定了上司的意見。

如果上司是很情緒化的人，很可能暴跳如雷，發生爭執。

但是，如果分解思考，就可以找到兩個切入點。

「剛才已經充分討論了企畫問題，是否也可以討論一下銷售方式的問題？」

用這種方式發問，並沒有否定針對企畫進行的討論。只要以「這個問題有兩個切入點，可以從任何一個方面著手」的方式提議，就不太會讓對方覺得自己遭到否定。也就是說，可以避免對立，發展出更多可能性。

任何事一旦變成在互搶一個箱子，就會淪為比誰的力氣更大的狀況。

但是，如果提議「這個箱子是不是可以分成兩個？」「可以在討論另一個箱子之後，再決定要選哪一個」，其他人就會覺得「有道理，原來還有另一個箱子」，注意到提示的新論點。

不需要為了提出自己的意見而否定別人的意見，而是用「只要分解一下，就可以分成兩種意見」的方式提議，就更容易主張自己的意見。

・建立共同的地圖

團隊合作時，還要注意另一件事，那就是所有成員都掌握分解了全局的「共同地圖」，有助於討論讓所有人都感到滿意。

假設在公司內，由B2B的行銷團隊負責開發客戶，業務團隊負責提升簽約率。

在討論營收的時候，雙方都覺得「行銷團隊只要負責開發客戶就好」，「業務團隊有時間對我們指手畫腳，還不如努力做好自己的本分，提升簽約率」，內心會感到不滿，很難直接表達意見。

在這樣的組織內，彼此都會在背後說對方的壞話。

「問題出在行銷團隊製作的客戶名單品質太差。」

「我們開發了這麼多客戶，為什麼業務團隊遲遲無法決定？」

如果只是在背後說這些話責怪對方，沒有進行有建設性的討論，很容易變成不健全的組織。

但是，如果在擁有分解後共同地圖的基礎上討論商品和服務單價，就更容易建立共同的目的意識。

Google 的 OKR

Google 等優質企業也採用了和原子思考很相似的 OKR。

OKR是「Objectives and Key Results」的簡稱，意思是目標（Objectives）和達到目標的關鍵結果（Key Results）。

稍微說明一下，比方說，在追求「建立更理想的社會」這個目標時，為了達到這個目標，思考「要做出什麼樣的結果，才能建立理想的社會」後，就可以知道什麼是關鍵結果。

對於最初的目標，設定三個關鍵結果，每一個關鍵結果都是下一個階層的目標，用這種方式分解達到目標的行動，只要達成每一個關鍵結果，就可以達到整體的目標。

比方說，如果整體目標是「建立更理想的社會」，就可以將關鍵結果分解為：

「為了建立更理想的社會，如果沒有達到這種程度的營收，就缺乏對社會的影響力。」

「怎樣才能達到這樣的營收呢？」

「只要增加百分之一百二十的使用者，同時把單價提升到這個水準，就可以達到。」

「為此該做些什麼呢？」

・・・

用這種方式進行分解，為全世界的每一名員工設定目標。

在日本，說到ＯＫＲ，往往會被誤以為是人事評價系統，但其實原本是目標管理的制度，制定個人的ＯＫＲ是經理的工作，組織內所有的ＯＫＲ原則上都公開。

在完成目標的過程中，一旦狀況發生改變，每一個關鍵結果當然也會發生改變。

所以在Google的公司內，經常可以在咖啡廳聽到「那個ＯＫＲ很好，但這個不好嗎？」之類的討論。

也就是說，在Google這家公司，已經建立了隨時質疑目標和關鍵結果的文化。

由於日本曾經是製造大國，所以，一旦決定目標之後，在做出成果之前，都會默默努力到底，這種文化已經根深蒂固。

如果有人在中途提出疑問：「這真的是理想的目標和成果嗎？」就會被

圖 1-9 分解目標 OKR

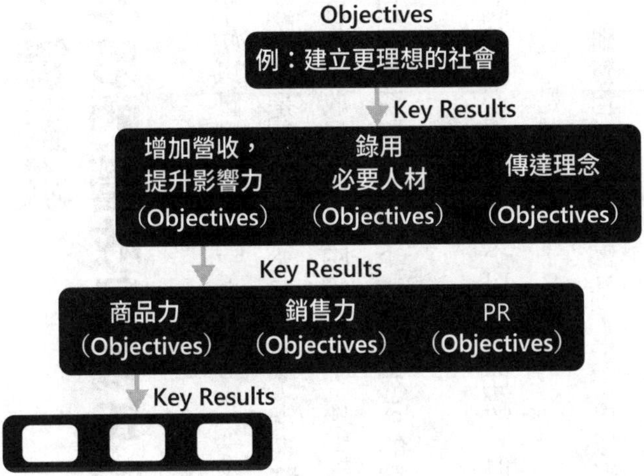

臭罵一頓，「你有時間去想這種事，還不如抓緊時間動手做事！」

雖然以前的確曾經用這種方法做出了成果，但是如今進入了瞬息萬變的時代，這個方法漸漸失效，必須隨時重新檢討一度決定的目標和成果。

如果主管要求「本年度的營收是去年的兩倍」……

不妨以實例來思考一下。

如果你是網路媒體公司管理廣告媒體團隊的負責人，當主管提出「希望本年度的營收是去年的兩倍」時，你會採用什麼方式？

以往的資料顯示了下一頁圖 1-10 的狀態。

雖然內心覺得那是不可能的任務，但仍然絞盡腦汁思考方法……。

「是不是該增加人手？」

「雖然目前只經營網站，是否可以考慮同時拍影片？而且目前很流行拍影片。」

「還是添購什麼器材，讓網站的經營更有效率？」

圖 1-10

（單位 100 萬圓）

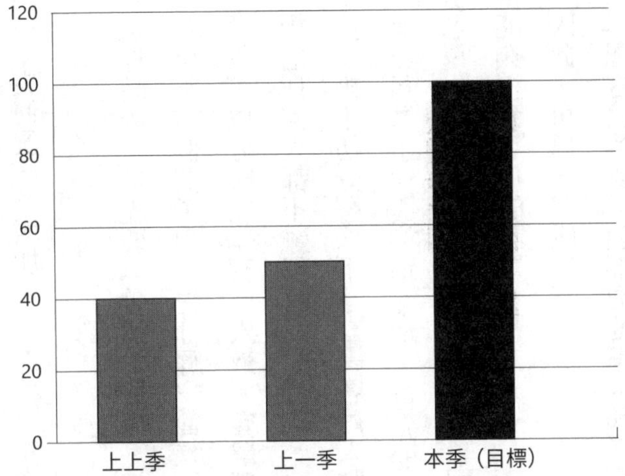

「乾脆轉換客群，成立新的媒體……」

團隊成員腦力激盪，集思廣益後，會提出各種點子。

但是，我為很多公司提供指導後發現，這些點子往往都只是一廂情願的想法，只會耗費勞力，成果卻很不理想。

最常見的想法是，「既然目標營收要翻倍，那就努力開發兩倍數量的客戶，設法達成目標」，或是「多增加一些人手」。

但是，這種情況能夠持續多久？

那些一味主張「努力」的組織

和個人，無論目標再高，都會想用一句「努力」來打發，但這只會造成身心疲憊而已。更何況一旦增加人手，就需要花費更多人事費用，反而會離目標更遠。

這種時候，首先要**「分解」目標**。

在以上這個例子中，先分解「營收」。

營收可以分解為**「客戶人數×客單價」**。

相信任何人都不難理解這個公式。

接下來不妨分解一下建立「客戶人數」所花費的工夫。

業務員為了完成一項業績，首先要建立一份潛在客戶的名單，然後根據這份名單，聯絡客戶，設法安排見面，向客戶提案後，努力和客戶談好金額，希望能夠接到客戶的訂單。

因此，可以分解成以下的公式。

「潛在客戶數×實際見面率（%）×提案率（%）×下訂率（%）」×「客單價」。

圖 1-11 分解營收

營收＝**「客戶人數」**×「客單價」

將「客戶人數」的部分按照獲得客戶為止所花費的工夫進行分解

營收＝「潛在客戶數×實際見面率（%）×提案率（%）×下訂率（%）」

×「客單價」　　**從這裡著手比較輕鬆**

從哪裡著手比較輕鬆？

根據以上的分解，思考哪一個部分翻倍，可以輕鬆地讓營收翻倍呢？因為是用乘法的方式分解，所以只要其中一個因子翻倍，營收很自然地就成為原來的兩倍。

如果打算讓「潛在客戶數翻倍」，就會變得很辛苦。因為如果試圖讓潛在客戶名單翻倍，或是實際見面率翻倍，或是提案數也翻倍，就會需要增加勞力，目前負責銷售工作的業務人員難以應付，就必須增加人手。一旦錄用更多員工，人事費用當然就會增加，即使營收翻了一倍，利潤反而會下降。

也就是說，如果試圖讓活動量翻倍，前途會變得很坎坷。

但是，如果努力提升下訂率和客單價，情況又會怎麼樣呢？即使提案量相同，如果下訂率翻倍，或是客單價翻倍，營收就可以翻倍。而且因為是用乘法的方式分解，也可以藉由下訂率是原來的一點五倍，客單價也變成一點五倍，達到相同的目標。

如此一來，就有可能在不改變業務人員人數的情況下，讓營收翻倍。因此，真正該做的是提升提案的品質，讓客戶的下訂率翻倍，或是讓客單價翻倍，只要解決成為障礙的問題，就可以達到目標。

以上的例子，來自於我和客戶企業的實際談話。

那位企業的經營者不知道該「增加人手」還是「成立新的媒體」，我和他分享了以上的內容後，他認為「有道理，如果是這種方法，我們公司有辦法做到」。

最後，順利地讓客單價提升到原來的三倍，下訂率擴大到一點五倍，廣告團隊的營收是三年前的四點五倍，而且是在完全沒有增加業務人員的情況下，達到了這樣的目標。

想要達成某個大目標時，很多公司會設法推出新的業務，但是增加新業務並不是萬靈丹，可以考慮在目前進行的業務中，消除成為阻礙的要因，這種方法往往可以在能力範圍內達到理想的結果。

原子思考的好處之一，就在於能夠找到**「在能力範圍內解決問題」**的解決方法。

妥善分解的六大重點

①用乘法分解

分解時，主要用乘法的方式進行。

之所以使用乘法，主要有以下三個理由。

(1)用數字的方式呈現，更容易達到目標數值。

(2)將各個元素相乘，有助於激發原本沒有想到的點子。

(3)能夠針對模糊的基準分解要素。

以下將依次說明這三個理由。

(1) 用數字的方式呈現，更容易達到目標數值

工作上的目標經常以數值目標的方式呈現。

比起「2＋3＝5」這種只有新加入的部分增加的「加法」，「3×2＝6」這種倍數成長的「乘法」更容易獲得結果。

比方說，想要「增加營收」時，用「來客人數」×「每次購物的平均客單價」的方式分解，無論讓「客單價」翻倍，或是讓「來客人數」增加一倍，營收都可以翻倍。

但是，如果將業務窗口「A先生」＋「B先生」＋「C先生」等按照加法的方式分解，即使A的業績翻倍，整體業績也無法翻倍。

【乘法的情況：來客人數×客單價】

10人×50圓＝營收500圓

※單價變成兩倍
10人×100圓＝營收1000圓。
↓營收翻倍。

【加法的情況：A先生＋B先生＋C先生】
A先生100圓＋B先生200圓＋C先生300圓＝營收600圓
※A先生的營收翻倍
A先生200圓＋B先生200圓＋C先生300圓＝營收700圓
↓整體營收只有原來的1.17倍。

由此可見，在進行分解時，用乘法連結每一個要因的分解方式，更能夠有效完成目標，尤其想要事半功倍時，更必須縱觀全局，用乘法的方式加以分解。

(2) 將各個元素相乘，有助於激發原本沒有想到的點子

將「有益身體健康」和「啤酒」相結合，可以推出特定保健食品的無酒精啤酒飲料，這是創意產生法（idea generation）中經常提到的例子，盡可能將不同性質的事物、不同領域的事物相乘，往往可以激發意想不到的創意。

以家電為例，從「家電 × 單身女性」的視角思考，或許就能夠推出無論設計和性能方面都很簡單的家電系列，但如果將「家電 × 速度」這兩個元素結合，就能夠設計出能夠迅速完成工作的家電商品。

尤其是將兩個從來沒有人想到的元素相乘時，往往可以激發出人意料的創意。

(3) 能夠針對模糊的基準分解要素

在組織內，有時候會提出「希望提升品質」的要求。

但是很難定義什麼是「品質」，所以不妨先分解「品質」。

比方說，如果要提升自家公司網站設計的品質，不妨認為「易懂」、「迅速」決定了網站的品質。

於是，在重新檢討「易懂」的同時，改進速度問題，讓讀者能夠心情舒暢地瀏覽網站也很重要。

可以根據以下幾個方面，思考該如何分解。

- **思考構成數字的要素，然後進行細分（構成要素的分解）**

例：營收＝來客人數×客單價

來客人數＝客戶名單上客戶的總數×實際見面率（％）×下訂率（％）

- **試著融入各種不同元素，激發更多創意。**

例：柑仔店賣的冰淇淋×柑仔店的玉米濃湯賣得很好＝玉米濃湯口味冰淇淋

- **將抽象的事物變得具體，思考更順暢（往具體方向分解）**

例：「總覺得不太理想」→「想要什麼樣的品質？」＝顏色×質感×整體協調感……

- **思考實現過程中的必要要素和步驟（方法的分解）**

例：獲得客戶的過程＝客戶名單上的客戶總數×實際見面率（％）×簽約率（％）

- **思考在意的地方、問題點在哪裡（分解對象）**

例：為什麼無法完成預算＝銷售上的問題×宣傳問題×商品問題……

②回到上一層，思考全局

掌握自己手上工作在全局所處的位置，有助於擴展思考的範圍。

在分解全局後，就會發現自己著手進行的工作只是其中一部分枝葉。

例如，在前面討論營收翻倍的目標時，就是從枝葉問題回到上一層，才發現真正的課題是提升單價，而不是增加客戶名單。

雖然課題是「增加客戶名單」，但是回到上一層的「目標是什麼？」進行思考，就會發現其他課題。

如果沒有培養原子思考的習慣，往往無法擺脫只能在有限的條件和方式中工作的想法。尤其在日本的職場，很容易出現「積極行動就可以解決問題」、「只要努力，總會有辦法」的結論。

但是，只要用原子思考的方式，就可以回到上游，從各種不同的選項中，

圖 1-12 回到上一層，從全局思考

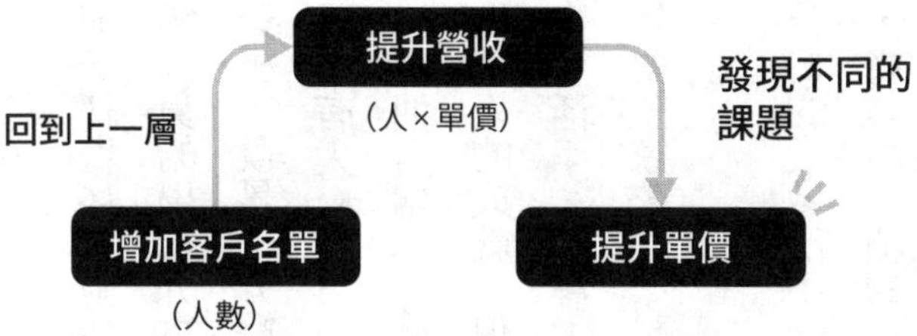

重新思考解決方法。

除此以外，用這種圖示的方法畫出來，也有助於會議時的溝通。可以在縱觀全局的情況下提出解決之道，「在分解之後，發現還可以嘗試這個方向，而且致力於這一點，彼此都能夠輕鬆提升成果，皆大歡喜」，這種溝通方式可以避免不必要的對立，選擇皆大歡喜的解決方案。

③避免過度細分

我以前曾經擔任「數據行銷人員養成講座」的講師，和希望成為擅長數據分析行銷人員的學員分享的方法。

所謂分析，就是「分解後加以比較」，不擅長分析的人往往會分得太細。比方說，有人會把公司的營收結構分成一百個項目，然後只針對其中一項，聲稱「我把這個部分提升了百分之兩百（兩倍）！」。提升百分之兩百聽起來是很驚人的成就，但從整體來看，只是從一百變成一百零一而已。

在現實生活中，的確不時遇到有人主張「我的部門業績改善了百分之兩百」，但是對整家公司來說，並沒有發揮太大的效果。

擅長分析的人做法不一樣，他們會把「公司的營收結構分成兩大項（五十和五十）」，將其中一項的五十提升到百分之一百五十（一點五倍）」。

如果只看成長率，前者是百分之兩百，後者只有百分之一百五十，但後者是從百分之五十提升到百分之七十五，整體從一百成長為一百二十五。

一眼就可以看出哪一種情況更有成果。

擅長分解的人具備了從「占整體的百分之幾」的視角看問題。

因此，他們能夠在分解的基礎上，立刻著手進行可以帶來更大效果的事。

相反地，會放下效果微乎其微的事，避免浪費時間。

重要的是，藉由分解找到效果最明顯的解決方案，然後加以執行。

④想要激發創意、想要避免疏漏，要學會從「相反」視角看問題

擴大範圍思考，才能夠在分解之後，選擇適當的選項。同時還能夠讓思考更加周全，從廣大的視野中自由選擇，更進一步提升機率。

為此，就必須消除「成見」，擴大思考的範圍，增加選項。

最簡單的方法，就是「從相反的視角看問題」，這種方法是我平時思考時的習慣。

比方說。

數字 ↔ 感情

短期 ↔ 長期

有趣 ↔ 務實

等等。

從數字和感情、短期規劃和長期規劃的關係可以發現，任何事物必定有相反的要素。

當有人在討論時一味談論數字，不妨可以問對方「感情的部分如何處理？」，如果對方將焦點集中在短期規劃上，不妨提醒對方思考一下，「從長期的視角怎麼看這件事？」

相反、相反的相反、相反的相反的相反……按照這種方式思考，就可以持續擴大思考的範圍。

比方說，從住在東京的單身族視角思考問題之後，還可以換一個視角，從住在外地的單身者和住在東京、有家室的人等不同的視角思考，還可以進一步從住在外地、有家室的人的視角思考。像這樣從相反的視角看問題，就可以大幅增加思考的範圍。

用這種方式拓展可能性之後，再思考「如果可以自由選擇，哪一種方法最有效」，就可以獲得最妥善的解決方案。

膚淺思考、深度思考

我因為年輕時的經驗，才開始建立這樣的思考方式。

我年輕的時候，工作上經常發生被上司問：「你有沒有考慮過這個問題？」然後感到緊張不已的情況。

比方說，上司交代我「做這份資料」，我按照上司的要求完成後，去交給上司時，上司問我：「你有沒有考慮過日程安排的問題？」或是「企畫很有趣，但你有計算成本嗎？」

那時候，我差不多都只能回答「啊，我沒有想那麼多」、「我沒有注意到這些問題」。每次被上司指正之後，都覺得「沒錯，那的確是很重要的問題」、「我疏忽了」，但在製作資料時，經常把這些問題拋到九霄雲外。

所以那時候，我為和上司相比，自己的思考太膚淺懊惱不已，在工作時，經常思考如何才能具備像上司那樣的思考能力。

「你有沒有考慮到這個問題？」「啊，對不起……」我很討厭和上司之間出現這樣的對話，所以絞盡腦汁思考，如何才能避免被上司挑毛病。

起初，我努力了解上司重視的問題。

有些上司很重視交貨期，有些上司在意成本問題。只要掌握上司重視的問題，就可以預先補強容易被挑毛病的部分。

但是，如果只是這樣，當上司在意想不到的方面找到問題時，我就會措手不及。解決這個問題的方法之一，就是列出上司在意的所有項目。

比方說，當上司在預算問題上深入追問時，就把預算問題列入確認項目；如果上司問日程的問題，就增加日程的項目；如果問實施可能性的問題，就把實施可能性也列入確認項目……。

只要記錄上司在意的每一個問題，製作成確認清單，就可以事先準備上司可能會深入追問的問題。

但是，我忍不住思考，這樣就夠了嗎？製作確認清單，然後逐一確認，並不是自己思考的結果。即使上司不再深入追問，我也不希望自己在工作上總是必須對上司察言觀色。

如何才能自行思考？我希望能夠靠自己的思考力，不再被上司挑毛病。

我努力思考這個問題，有一次突然想到了「從相反視角看問題」的方法。

比方說，假設我想到了一個有趣的企畫。在想出這個「有趣的企畫」之後，思考和有趣的企畫相反的是什麼企畫，於是就想到了「務實的企畫」這個視角。

進一步思考什麼是「務實的企畫」，就會想到「遵守交貨期」、「不花錢」、「實現性很高」等要素。

於是我發現，如果在自己想到的有趣企畫中結合「遵守交貨期」、「不花錢」和「實現性很高」的要素，就不會被上司挑毛病，企畫更容易被採納。

人往往很難放棄或是改變自己構思的企畫，一旦想出有趣的企畫，就會很執著，無法再思考其他企畫。

但是，在想出某個企畫之後，可以思考相反的情況是什麼。思考和有趣的企畫相反的企畫，就可以發現還有務實的企畫，然後將務實的企畫所含有的要素加以分解，就可以找到有趣的企畫中，也不可或缺的要素。

在有趣的企畫中加入必要的要素，可以讓原本想到的企畫更加完善。

圖 1-13 從相反視角拓展思考

有趣的	務實的
〈優點〉 ・嶄新 ・心情愉快 ・想要試用看看	〈優點〉 ・可以預估製作時間 ・預算合理 ・實現性很高 ・銷量差強人意
〈缺點〉 ・因為沒有前例，所以無法掌握製作時間 ・很花錢 ・因為沒有前例，無法了解實際是否能夠完成 ・難以估計銷售量	〈缺點〉 ・不引人注意 ・很常見，所以無法帶來感動

我透過這種方式，學會了深入思考，被上司挑毛病的情況也大為減少。

雖然在養成習慣之前，或許會覺得有點難，但只要反覆練習寫在紙上，任何人都能夠學會從相反視角看問題。

⑤從大局著眼

想要擴大思考範圍時，可以擴大到社會意義和本質意義，從大局著眼看問題。

比方說，有一家名叫「KURASHICOM」的公司，推出了業配文這項商品。業配文這項商品就是由「北歐、生活道具店」選定，為客戶的商品做內容上的包裝與演繹。

讀者看到由「北歐、生活道具店」選定的商品，認為「這個容器的確很適合在家使用」、「這項服務真不錯」。

業配文這項商品本身，很早之前就出現在媒體上，所以這項服務本身並不算新穎。

但是，仔細研究之後就會發現，「KURASHICOM」的業配文並非只是寫一篇普通的報導，而是在文章中提示了該商品的使用方法、購買理由等消費者的深層心理（內心想法・本質）。

因此，「業配文這項商品的最大魅力，就是成為發現消費者深層心理的手段」。

「如今進入了製造廠難以掌握消費者生活和需求的時代，了解消費者的深層心理就是最大的價值。」

從這個視角思考，就會發現業配文的價值發生了很大的變化。

即使同樣是一篇文章，「一篇文章花了三百萬」和「有助於了解消費者深層心理而花了三百萬」，價值完全不一樣。

我認為在今後的時代，**重新發掘企業和商品的價值，並加以提升的活動將會變得非常重要**。

因為，目前是商品氾濫的時代，每年都可以看到大量過了賞味期限的惠方卷被丟棄的新聞，賣不出去的衣服也理所當然地成為廢棄品。

即使在SDGs（聯合國永續發展目標）和核心目的（存在意義）受到矚目的現代，簡單製造商品後輕易丟棄的狀況仍然沒有改善。

如果真正為地球著想，真心追求SDGs和核心目的，公司歇業無疑是最佳選擇。因為停止生產最環保，但是，公司當然不可能這麼做。

到底該怎麼辦？那就是為商品增加附加價值後再定價。

如果會對地球環境造成破壞，生產出來的商品又只有微乎其微的利潤，企業就只能大量製造，以薄利多銷的方式維持經營，進而陷入負向循環，商品賣得越多，就會對地球環境造成更大的破壞。

如果能夠讓消費者充分了解商品的價值，提升價格，不僅可以增加利潤，提升企業價值，還可以藉由生產經過嚴格挑選的商品，減少對環境造成的負面影響。

從今往後，企業應該盡可能減少生產，積極投入讓消費者認同品牌和商品價值的活動——這是走在時代前端的思考方式，「KURASHICOM」向各品牌提供的消費者深層心理和業配文，甚至具有社會的價值。

⑥把自己的心情放一邊

人往往會受到沉沒成本（已經發生且不可收回的成本）的影響，做出錯誤的判斷。這種情況稱為沉沒成本效應（沉沒成本的謬誤）。

在公司也經常會遇到「既然已經做到這種程度，那就乾脆做完」的情況。大家集思廣益，決定實施某個方案，即使在中途發現不如預期，也很難下定決心放棄。

運用原子思考，就可以冷靜討論。

「客人並沒有增加，繼續實施這個方案，也不可能增加營收，是不是該趁早放棄？」

「起初覺得這個方案不錯，但是無論對來客人數和客單價都沒有帶來影響，所以不妨到此為止。」

如此就可以做出「放棄」的判斷。

我在為很多人進行指導服務，了解他們的情況後，經常感到不解「為什麼堅持到這種程度？」。問了對方理由之後，通常會聽到「因為這是去年決定的事」、「因為已經向大家承諾了」，完全沒有從是否有效果的視角進行判斷。

分解思考時，必須以事實為基礎，平等均衡地審視事物，一旦帶有成見，就無法正確分解。

「我原本只考慮到單價的問題，完全沒有想到來客人數。」

「提高價格是增加營收唯一的方法。」

視野狹窄、成見太深，就會產生這樣的想法。

自己想做或是不想做，或是有沒有承諾並不重要，首先必須正確分解，然後做最有效果的事，趁早放棄沒有效果的事，養成這樣的習慣很重要。

把心情放一邊，就會發現成見

想要正確分解，先把心情放一邊，然後再思考的方法很有效。

「我負責行銷，只能思考如何吸引客人上門的方法。」

「我負責開發商品，必須思考如何提高單價。」

如果只想到一種方法，或是想不到其他點子時，不妨試著在自己想到的點子中，排除心情的因素。

「我是不是基於個人好惡在思考？」

「我是不是根據自己是否擅長做這件事在判斷？」

「我是不是用麻不麻煩來考慮問題？」

用這種方式回顧自己的心情，就會發現自己憑著個人的好惡或是擅長與否進行判斷，執著於某一個想法（奇怪的是，每個人都會發生這種情況，我也不例外，所以請讀者不必放在心上）。

一旦發現自己的心情影響正確分解，就更容易找到新的點子。

不妨暫時離開自己負責的領域，負責行銷的窗口可以思考「什麼商品在IG上很吸引人，讓大家都願意分享？」；負責開發商品的人也可以思考「如何才能提高商品的單價？」

只要運用本書介紹的各種在目標、期限和銷售方式上進行分解的方法，就可以想出擺脫成見的好點子。

我有時候也會很執著地覺得「不想用這個方法以外的方法」，但是方法當然是越多越好。

不妨在思考時先放下自己的心情，才能夠想出各種不同的方法。

第 2 章

用「原子思考流程圖」達成工作目標

解決工作的問題 「原子思考流程圖」

前面談論了什麼是「原子思考」，在本章中，將介紹如何實際加以運用。具體將以如何解決工作上的問題和目標，和累積個人的資歷、實現個人目標為例加以說明。同時，我也製作了任何人都能夠簡單使用的流程圖，只要按照流程圖，就可以很自然地發現解決方案和走向終點的道路。

流程圖中有六個區塊，我們由上而下，逐一說明。

①有問題和目標

確認現狀中是否有問題和目標。

在此說明，目的和目標、問題和課題的關係性如下。

- 目的：想要達成的事項。

圖 2-1 「原子思考」流程圖【工作篇】

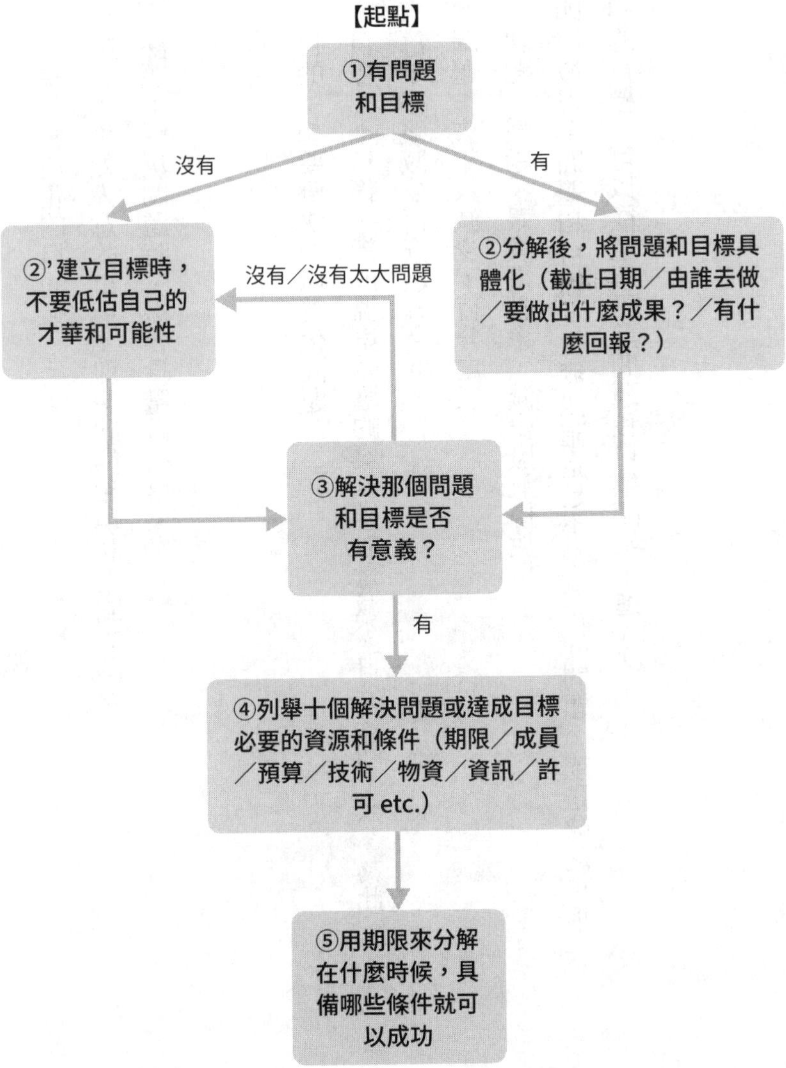
【起點】
①有問題和目標
沒有
有
②'建立目標時，不要低估自己的才華和可能性
沒有／沒有太大問題
②分解後，將問題和目標具體化（截止日期／由誰去做／要做出什麼成果？／有什麼回報？）
③解決那個問題和目標是否有意義？
有
④列舉十個解決問題或達成目標必要的資源和條件（期限／成員／預算／技術／物資／資訊／許可 etc.）
⑤用期限來分解在什麼時候，具備哪些條件就可以成功

- 目標：數值化的目的。
- 問題：不如人意的事項。理想狀態和現狀之間的落差。
- 課題：解決問題時，需要具體做的事。

比方說。

- 目的：想要解決地球暖化問題。
- 目標：十年後，造成溫室效應的廢氣排放量減少百分之四十六。為此，每年必須減少百分之五。
- 問題：去年只減少了百分之三。
- 課題：鼓勵民眾換電動車，減少廢氣排放量。

即使發現了問題和目標，但無法確定是不是真正的問題，或是缺乏可稱為目標的目標，可以從重新設計問題和目標開始，進入②。

②分解後，將問題和目標具體化

對於類似「（沒有明確數字）提升營收」，或是「總覺得不太順利」這種目標和課題，具體列出截止期限、由誰（哪個部門）、做什麼樣的工作、要做出什麼成果等項目。用分解思考的方式，把目標和問題具體化。

②’建立目標時，不要低估自己的才華和可能性

在沒有課題，或是只想到很微小的目標時，最重要的是在建立目標時，不要低估自己的才華和可能性。

在思考目標時，起初往往會從個人的視角思考。像是覺得「今天很累，希望可以更輕鬆」時，很容易被眼前的問題影響，希望讓負面的狀況恢復正常的想法就會變得很強烈，如此一來，就會導致無法拓展自己的視野。

③解決②的問題和目標是否有意義？

有時候也會發生在很難說真正有意義的問題和目標上，耗費不必要勞力的情況，遇到這種情況時，必須改變目標，換成「有意義」的目標。

④列舉十個解決問題或達成目標必要的資源和條件

所謂資源，就是自己和公司擁有的人材、金錢、地點和所有物等可以使用、借用的東西，不要只想靠自己的努力和能力完成，不妨思考一下，擁有什麼資源，有助於達成目標。

如果想不出十個，可以從「相反」的視角思考，找到新的分解軸線。

⑤用期限來分解在什麼時候，具備哪些條件就可以成功

到了這一步，就可以明確問題和目標，也了解需要有什麼資源和條件，就能夠完成目標，然後按照期限的順序進行排列。

用期限進行分解，明確到目標為止的路線圖。

以下將以具體實例說明。

工作篇：如何完成「營收翻倍」的目標

在公司任職，上司經常會設定目標和課題。不妨先看以下的例子。

①有問題和目標

B在業務部負責向企業銷售網路服務，上司為他設定了新的目標，要求他身為團隊領導，營收必須翻倍（一億圓↓兩億圓）。

只要連續兩個季度完成目標，就可以加薪，他很希望能夠完成目標，順利升遷，但又很擔心是否能夠在六個月就爭取到新的客戶。

②分解後，將問題和目標具體化

B在思考如何才能達到「兩億圓的營收」時，首先要明確「營收是由什麼組成的」。

可以將營收分解成**「來客人數×客單價」**。

進一步將「客單價」細分，就可以分成「高單價案件（五百萬圓）」和「低單價案件（一百萬圓）」這兩大部分。

想要盡可能花更少的時間，完成超過兩億圓的營收，以最少的來客人數來思考，只要有四十個五百萬等級的案件，就可以馬上搞定。但是，在這個階段不要先下結論，而是作為其中一個選項，然後再進一步思考。

為了進一步提升解析度，可以針對「客戶」進行分解。於是就會發現除了向新客戶（在潛力客戶名單上，打算日後開發的客戶）推銷以外，還可以請老客戶再次購買。也就是說，還可以在「新客戶和老客戶」的軸線上進行討論。

圖 2-2 單價與客戶矩陣圖

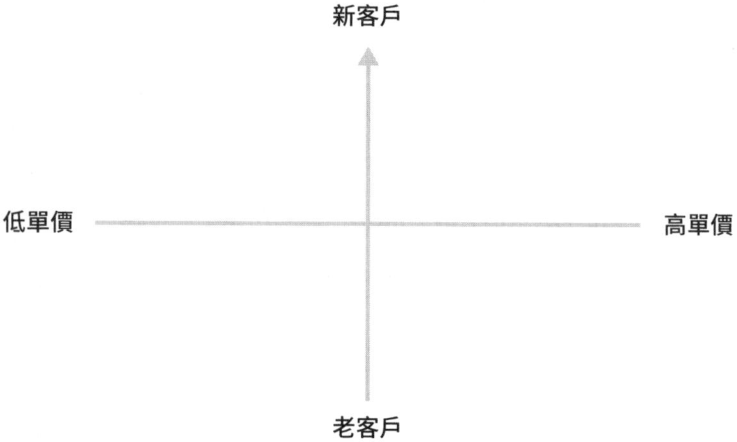

根據以上的情況，就可以建立「高單價——低單價」、「新客戶——老客戶」的矩陣圖（圖 2-2）。

接著，在「高單價×新客戶」、「高單價×老客戶」、「低單價×新客戶」和「低單價×老客戶」這四個象限中，填上各有幾家相符的客戶。在這個基礎上，思考哪一個象限最有成長潛力。

「老客戶×高單價雖然看起來最省力，但符合這個象限的客戶數量很少，即使投入心力，成效也有限。既然這樣，是否可以請高單價案件的老客戶，介紹他們公司其他部門的新客人，然後向新客人提案。」

用這種方式展開討論，就可以建立「誰負責幾個高單價的案件，誰負責幾個低單價的案件」等更具體的目標。

如果有人不擅長想出不同的軸線，可以使用前面說明的「從相反視角看問題」的方法。既然有高單價，就能夠想到相反的低單價，提出「把老客戶也一起加入選項是否更好」，更容易想出軸線。

除此以外，在日程方面，可以分成「緊急的日程」和「寬鬆的日程」，「金錢」的問題上，也可以分成「省錢模式」和「預算無上限模式」等選項。在增加更多選項的基礎上，思考具體的行動，就能夠做出更理想的選擇。

悲觀看待自己能夠承受的負擔——避免主動走向地獄

在決定完成目標的手段和方法時，請各位記得一件事。

「請悲觀看待自己能夠承受的負擔。」

分解思考後，或許能夠找到「這個方法應該能夠有效率地完成目標」的方法。

雖然效率很高，但經常發生實際做了之後，才發現很辛苦，或是並非自己擅長的事。勉強自己做不擅長的事，進展也無法順利。假設「只要完成三件高單價的案件和一件低單價的案件，就可以達到目標，但我更擅長向能夠下訂高單價案子的經營者推銷」，那就改成完成四件高單價的案件。

時間和勞力並非無限

在決定方針和日程表的階段，往往會以為實際執行工作的人好像有無限的勞力和時間，但事實當然絕非如此。之前是否曾有過幹勁十足地推出不切實際的計畫，最後卻發生計畫無法順利執行的狀況？如果無法事先了解「自己會承受多少負擔」，計畫就無法順利執行，最終導致計畫夭折。一旦覺得「好像有點困難」，就應該聽從自己的直覺。

必須再次重申，在進行這種判斷時，認為「反正努力一下，就可以撐過去」、「雖然有點辛苦，但只能硬著頭皮撐下去」、「這樣可能無法完成計畫，那就增加人手」之類的想法很危險，否則會導致利潤越來越少，或是走向錯誤的方向，甚至變成走向地獄。

以個人為例，上班族的薪水來自於年收入，但自由工作者的業績就等於月收入和年收入。也就是說，提升收入的計算公式是「時間×單價=收入」，無論增加工作時間，或是提升單價都可以增加收入。

既然是二選一，當然可以選擇任何一個選項，很多人都會選擇增加工作時間。

但是，無論企業還是自由工作者，都有很多避免增加自身負擔的解決方法，也可以選擇提高單價的選項。正確地說，如果不朝提升商品和服務的品質，提高單價的方向發展，遲早會走下坡。

除此以外，**努力在不增加自己負擔的情況下解決問題的想法，對個人職涯也很重要**。

比方說，在轉職時，「賣出五十萬圓廣告的人」、「賣出五百萬圓廣告的人」，和「賣出五千萬圓廣告的人」，誰的市場價值更高？答案一目了然。在轉職市場，比起沒日沒夜地推銷五十萬圓廣告的人，高效率地創造五千萬圓業績的人更吃香。

但是，公司並不關心員工的市場價值，對公司來說，「只要能夠提升業績就好，無論用什麼方式都沒關係」。

你必須努力為自己的職涯著想。為自己的職涯著想，就必須認清「公司要求我加倍推銷五十萬圓的廣告，這樣的公司沒有未來，我要努力在單價高的公司，做更有價值的工作」。

至少在公司下達「業績要翻倍」的指示時，不要無腦服從，不妨問上司：「要怎麼達到這個目標？」「要用什麼方法完成？」如果無法接受上司的說明，不妨提議「每個人都加倍努力的方法有點不切實際，是不是可以舉辦爭取高單價案件的學習會，或是思考向高單價客戶推銷的方法？」

至少必須隨時思考——

「是不是可以不做這種沒有效率的事？」

「有沒有其他更有效率的方法？」

③解決②的問題和目標是否有意義？

接著，要檢視一下解決這個問題課題或是目標是否有意義。

為此先思考一下，解決這個問題課題，完成目標之後的情況。在問題課題解決之後，無論對組織和個人，都能夠達到理想的結果嗎？

B是為了升遷這個明確的理由，如果這是B的心願，當然就有意義。

④列舉十個解決問題或達成目標必要的資源和條件

列舉出十個解決問題和達成目標所必需的資源和條件。

所謂「資源」，就是英文中的「resource」，包括實現目標所需要的時間、資材、人員、能力和資金等所有的要素。

具體來說，就是要明確以下的事項。

「必要成員是哪些人？」

「需要多少人手？」

「需要具備哪方面能力的人，否則就無法完成？」

「需要上司和公司同事配合哪些事？」

也許有些讀者會覺得「有辦法列舉出十個嗎？有這麼多嗎？」其實只要列出一個要素，然後再按照前面所說的方法，**列出「相反要素」，以及發揮聯想力，「還有其他要素」，就不會覺得太困難**。

比方說，在思考工作日程的「其他要素」時，思考「什麼是非日程的要素？」這個問題，就會想到「人」這個要素。再進一步思考除了「人」的要素，就會想到「錢」，除了「錢」的要素，還有「設備」，「設備」以外，還有「制度」……按照這個方式聯想。

在這個階段，進行資源管理和行動管理。

⑤用期限來分解在什麼時候，具備哪些條件就可以成功

了解所掌握的資源和條件後，最後再用期限分解「在什麼時候，具備哪些條件就可以成功」。也就是說，針對之前做出的決定，建立具體付諸行動的行動計畫。

圖 2-3 用期限分解

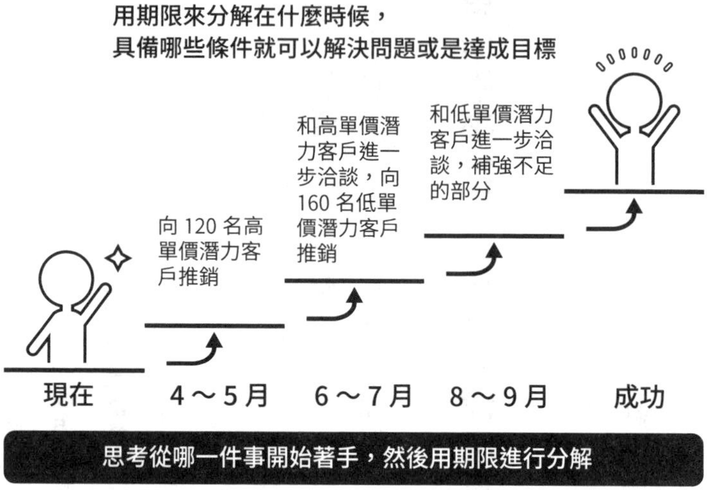
用期限來分解在什麼時候，
具備哪些條件就可以解決問題或是達成目標
向 120 名高單價潛力客戶推銷
和高單價潛力客戶進一步洽談，向 160 名低單價潛力客戶推銷
和低單價潛力客戶進一步洽談，補強不足的部分
現在
4～5月
6～7月
8～9月
成功
思考從哪一件事開始著手，然後用期限進行分解

比方說，如果設定在一年之後完成目標，可以分成四個階段，每個階段三個月的期限。或者可以分成十二個階段，每個階段只有一個月，用這種方式決定未來的路程，然後將前述的資源和條件分配到各個階段。

每三個月平均分配也不失為一種方法，或是在前半年的六個月期間集中火力，投入人員招募和提升技能，後半年的六個月追趕進度的方法也不錯。思考這個問題，就是在建立戰略和計畫。

這次的案例是四月到九月的

六個月期間，因此以兩個月為一個階段，規劃大致的期限安排。第一階段的兩個月可以分頭拜訪一百二十位高單價的潛力客戶，第二階段的兩個月，和一百六十名低單價的潛力客戶接觸，同時和高單價的潛力客戶進一步洽談，最後兩個月用來補強不足的部分。

實際付諸行動時，要隨時回顧檢討。因為任何計畫未必一開始就很順利，所以必須隨時回顧修正。

圖 2-4 就是這些流程的歸納總結。

照理說，任何商務人士都有能力規劃這些事。

但是，大部分人沒有深入思考最初的「目標」部分，只是基於「無論如何都必須提升業績」、「先採取行動再說」之類的理由，只顧著拚命推銷眼前的商品，持續做出很沒有效率的行為，最後無法按時完成目標的可能性很高。

圖 2-4 能夠解決工作上的問題、達成目標流程單

列出問題和目標	列舉出目前面臨的問題和課題。
將問題和目標具體化	在列出「截止日期／由誰來做／要做出什麼成果？／會有什麼回報？」之後，思考解決這些問題和目標是否有意義。如果發現沒有意義，換成更大的問題和目標，再重新檢視。
列舉出解決問題必需的技能和條件	如何才能解決問題，達到目標？必要條件是什麼？不妨列舉出十個（期間／成員／預算／技能／物質／資訊／許可 etc.）
用期限來分解在什麼時候，具備哪些條件就可以達到理想的狀態	思考該做什麼，然後用期限進行分解。

但是，只要發現自己手上的商品其實有兩種不同的單價，了解自己更擅長推銷某一種商品，就可以在這個基礎上思考。

「賣高單價的商品似乎更順利。」

「既然這樣，那就不要只賣三百萬圓的商品，搞不好一千萬圓的商品也可以順利賣出去。」

「我很擅長推銷一百萬圓的商品，搞不好推出五十萬圓的商品，我可以賣得更好。」

思考之後，就可以著手計畫，只要思考「從什麼時候開始，到什麼時候為止，該怎麼做」，然後付諸行動。

團隊領導更需要「原子思考」

帶領團隊工作的人，必須具備這種思考方式。

在日本的職場，當上司下達指令後，都必須由下屬思考執行的方法。但是照理說，上司不應該只是丟出目標，而是應該像製作人一樣，為下屬思考該如何執行。

「雖然您要求我達到一千萬圓的業績目標，但我想挑戰兩千萬，請問如何才能成功？」

當下屬提出這樣的問題時，上司可以運用原子思考加以引導。

「目前高單價商品和低單價商品，哪一個賣得更好？你更擅長賣哪一種商品？」

「我比較擅長賣高單價的商品，只是會比較耗時間。」

「那就思考如何才能縮短時間，你是否可以將成功案例按照不同的階段分解後思考一下？」

這就是運用原子思考的理想對話。

Google藉由「一對一會議（1 on 1 meeting）」，每個星期，至少一個月安排兩次檢討成效的時間。正因為有這樣的機制，才能夠更有彈性地重新檢視目標，獲得更理想的成效。

如果無法接受上司指示的目標

前面還沒有討論圖 2-1 的流程表中，在思考「是否有解決的意義」時，如果發現回答是 No 的情況。

雖然上司指示了課題或是目標，但是否曾經遇過無法完全接受的情況？或是有人自己擔任主管，無法順利設定目標和課題，只能承襲去年的目標。

遇到這種情況時，應該建立更有效的目標。

比方說，專門製作網站內容的團隊，接到了上司指示的目標，「整個團隊每週要提出十二個企畫案（四人×三個），每個月要提出四十八個企畫案」。

每個人每週提出三個企畫，或許能夠獲得「培養思考習慣」的回報，但是在思考完成這個目標是否有意義這個問題時，就覺得有點怪怪的，於是會產生「真的有必要嗎？」的想法。

不妨分解一下認為「有點怪怪的」感覺。這種時候，可以從「為什麼？」「怎麼做？」「做什麼？」的視角思考，比方說，可以從以下的視角思考。

- 真的有必要嗎？
- 達到這個目標會怎麼樣？
- 有沒有其他方法？
- 為什麼要用這種方法？
- 這樣做真的能達到這個目標嗎？
- 目前的工作就已經忙死了，真的非做不可嗎？
- 這個目標能夠解決什麼問題？

分解至此就可以發現一個問題，那就是看不到做這件事該達成的目標。

用圖解的方式呈現，就是下一頁圖 2-5 的狀況，不妨回到上一層，確認上層的目標。向上司發問請教並無任何不妥，不妨坦率地向上司發問。

把「感覺性的基準」變成「數字」

上司可能會說團隊每週提出十二個企畫，「是為了從眾多企畫中，挑選出色的企畫」，或是「企畫越多越好」之類的回答。其實也可以從「相反」視角思考，決定什麼是不好的企畫，然後避免交出這樣的企畫就好。

如果上司的目的是「出色的企畫」，那就分解一下，「什麼樣的企畫是好企畫」，然後思考推出好企畫必要的方法。

這種時候，要避免「能夠令人感動」或是「很酷的企畫」這種每個人的感覺不一樣的標準，**而是用數字來表達，更容易獲得理想的成果。**

如果我是當事人，就會問上司：「請問是要一百萬次點閱的企畫，還是十萬次點閱的企畫？」因為「寫出一個能夠有一百萬次點閱的企畫」，和「寫

圖 2-5 搞不清楚「為何而做？」的狀態

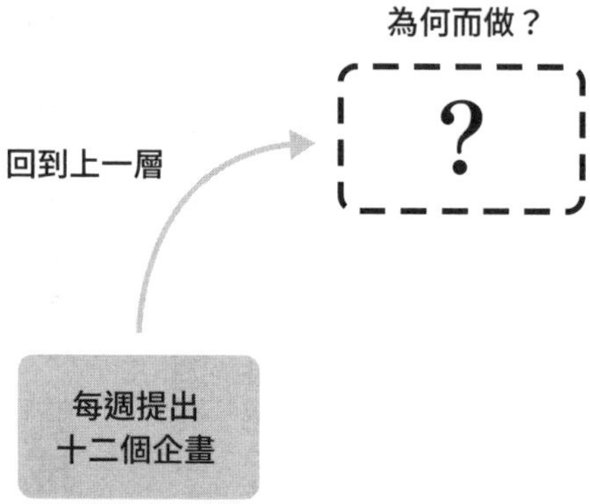

出十個分別有十萬次點閱的企畫」，兩者對「好企畫」的定義完全不同。

如果目的是為了寫出有一百萬次點閱的企畫，也許不需要濫竽充數，而是討論如何提升企畫的品質。討論提升品質時，就必須分解「品質是什麼？」。如果是我，就會提出「質比量更重要，在寫企畫之前，大家先調查一下什麼樣的企畫能夠爆紅作為第一步，也許更有效率」。

如果有值得參考的企畫，就可以分解「這個企畫為什麼會有一百萬次的點閱？」、「怎樣才能做出相同的內容？」（可以參考第四章「分解成功的理由」）

用這種方式，回到原本的目的，仔細加以分解，就會發現「增加調查的時間」、「追求相片的品質」等實際措施比無腦要求「每週提出四個企畫」更有效。

如果這麼做的目的是為了「有二十個十萬次點閱的企畫」，實際上絕對需要超過二十個企畫。如果以前的勝率是五成，也許需要四十個企畫。於是就可以提出「企畫太少了，要不要考慮一下，有什麼方法更容易寫出企畫？」

哪一種方法更簡單？

日常工作中，一定要意識到一件事，不要無腦聽從上司的指示，而是要持續發問，「對我們部門來說，寫出一百萬次點閱的企畫和十萬次點閱的企畫，哪一個更簡單？」摸索出更理想的方法（改變上層的目標）。

在公司內，基本上都由上司制定目標，上司也是聽從上司的上司制定的目標，所以很多人幾乎沒有機會問：「為什麼要建立這個目標？」，深信沒有選項的目標正確無誤，無法提出更理想的目標。在「老闆說的話都對」、「既然是主管下達的命令，當然就非做不可」的前提下賣命工作。

但是，冷靜思考之後就會發現，一個有一百萬次點閱的企畫，和十個可以有十萬次點閱的企畫，兩者的整體效果相同，所以無論選哪一個企畫都可以達到相同的目的。

回到上一層進行分解，就可以產生複數選項，才能夠做出更好的選擇。

所以，無論遇到任何問題，最理想的方法，就是保持可以針對兩個以上的選項進行選擇的狀態，從中挑選更出色的選項。

如果是我個人遇到這個案例，既然一個有一百萬次點閱的企畫，和十個有十萬次點閱的企畫整體效果相同，我就會選擇更簡單明瞭的選項，暗示上司「一個有一百萬次點閱的企畫可以帶來更大的震撼」。或是從為自己的職涯加分的視角出發，「成為一個寫出爆紅企畫的人」，努力寫出一百萬次點閱的企畫。

我要再次重申，公司不會為你的職涯著想，所以可以根據是否有助於提升團隊的成果和個人的市場價值進行判斷。

沒有問題，或是找不到問題時的思考方式

有時候也會遇到沒有問題，或是部門很小，也沒有受到公司的重視，於是覺得只要順利完成每天的工作就好。

比方說，「雖然不是對工作沒有幹勁，但公司並沒有指示任何目標」，或是「我在電話客服團隊工作，我們部門在公司內部的優先順位很低，上司也從來沒有說我的工作有什麼問題」，都屬於這種狀況。

我向來認為問題和目標越大越好，當從小處看問題，就很容易陷入短期的、平淡無奇的思考。

從小處思考，無法獲得巨大的成果，而且很可能做出對業界和社會產生負面影響的事。

為低階視角的目標而做的事，可能會為自己的職涯蒙塵

比方說，以網路廣告為例，在點開某個網頁時，會突然跳出彈出式廣告。原本只是想看文章的內容，卻在滑動時不小心點到了廣告。很多人被迫看了根本不想看的廣告，就會覺得「很煩」，對廣告產生厭惡感。

其實原本廣告不需要用這麼惹人討厭的方式，也可以傳達該傳達的資訊，但有些人只想到明天的業績，所以有一段時間，很多網站都可以看到這種令人心煩的廣告。

雖然短期來看，只要不小心點到廣告的人加倍，廣告的業績或許就可以翻倍，應該也有公司靠這種方式，讓業績暫時獲得成長。

但是，在業績翻倍的同時，客人感到「厭煩」的感情超過兩倍，結果會有更多人覺得「那個網站很煩，不想看」，從長期來看，瀏覽網站的人數就會減少。

即使急忙改變廣告的方式，也已經來不及了。這種從個人視角、專案視

角等低階視角持續追求利益的行為，破壞了廣告業界整體的形象。

於是，不久之後，廣告業界中有人提出數位廣告必須健全化，在加強對違法廣告的限制後，那些以前製作令人心煩廣告的公司，業績自然大幅滑落。

如果一開始就從業界視角、社會的視角等高階視角看待廣告，在工作時思考「如何做出不惹人討厭的廣告？」、「如何讓別人看了廣告主的廣告，覺得『大有幫助』？」，一定能夠做出受到很多人肯定的廣告。

但是，如果只從自家公司或是專案的態度看問題，認為「這就是我們公司的文化，所以無可奈何」，這種公司會被業界和客人討厭，希望用誠實的態度面對工作的員工會紛紛離職求去，這樣的公司遲早會倒閉，或是走下坡路。在這種公司任職，搞不好日後轉職時，別人會問：「你之前竟然在那種公司工作？」對自己的職涯造成負面影響。

從這些事實也可以了解到，提升思考視角的重要性。

圖 2-6 理想和目標越大越好

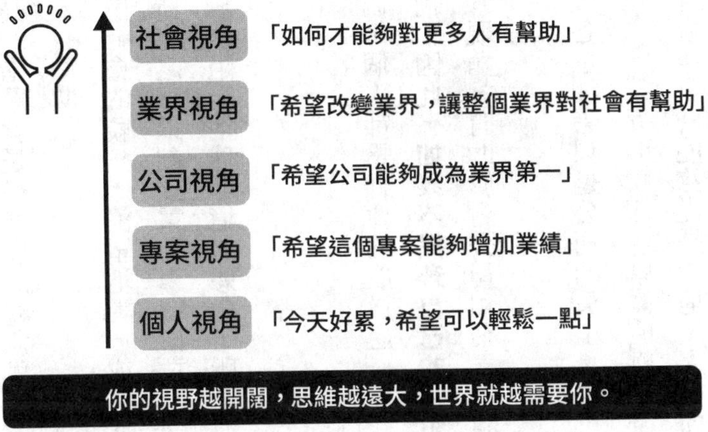

社會視角	「如何才能夠對更多人有幫助」
業界視角	「希望改變業界，讓整個業界對社會有幫助」
公司視角	「希望公司能夠成為業界第一」
專案視角	「希望這個專案能夠增加業績」
個人視角	「今天好累，希望可以輕鬆一點」

你的視野越開闊，思維越遠大，世界就越需要你。

比個人視角更高一個階層，就是從專案的視角思考目標，也就是「要靠這個專案增加業績」、「整個團隊一起做出成果」。

再提升一個階層，就是從公司的視角思考。像是「要讓這家公司成為業界第一」、「要讓這家公司的市占率增加百分之多少多少」，經營者向來都會從公司的視角看所有事物。

業界視角是比公司的視角更高的階層，就是思考「要讓這個業界成為對社會有貢獻的業界」。

最高的階層就是從社會的視角思考，開始思考「如何才能對這個社會上的更多人有幫助」。

所謂社會的視角，簡單地說，或許就是像伊隆．馬斯克那樣的視角。伊隆．馬斯克之所以創立電動車特斯拉公司，是因為他認為如果燃油車繼續增加，就無法阻止地球環境的惡化，所以他是從拯救人類和地球的視角投入新的事業。

我們每個人都是社會的成員之一，從社會的視角看問題，最終會回到個人的視角。因此，**如果不提升自己的視角進行思考，最終會影響到自己的利益**。提升視角，有助於對公司和業界整體做出貢獻，而且或許能夠對社會產生影響。

即使各位讀者只是公司的員工，也可以從專案負責人的視角、自家公司老闆的視角、業界的視角、社會的視角思考該做什麼。

提升視角，就能夠從長期地、大格局地思考所有的事物，於是就成為社會需要的人。

逐漸提升視角

雖然要努力提升視角，但想要一步登天，馬上能夠從社會視角思考，難度就會很高，而且也不現實。

基本上，在公司任職的人，可以逐步提升視角。如果你目前是團隊的成員之一，可以想一想，「如果我是團隊領導者，會怎麼思考？」，如果是團隊領導者，可以想一想「董事長是怎麼想的？」，可以先從比原先高一階的視角思考。

更簡單的方法，就是決定「不做自己身為使用者時，感到不舒服的事」，然後根據這個標準進行判斷，也是出色的社會視角（因為只要有這種意識，就不會做出前面提到的網路廣告），千萬不要忘記這種初衷，努力提升視角。

追求個人層次的理想

找到在自己目前所做的工作方面大顯身手的榜樣，對建立個人層次的目標和課題也很重要。

比方說，如果遇到不喜歡做電話客服工作的人，可能會提出這樣的建議。

「雖然的確有公司像貴公司一樣，在銷售方面很強，比較不重視電話客服團隊，但也有些公司的電話客服團隊比銷售團隊更厲害。比方說，世界知名的線上鞋類暨服飾零售商 Zappos 就很重視客服，在那些公司的眼中，像你這樣的人簡直就像是明星，可以在上班領薪水的同時，做讓自己很有成就感的工作。」

「如果你想在那樣的公司工作，不妨朝轉職的方向努力。為了能夠在下一家公司大顯身手，你在目前這家公司能夠做什麼？」

於是，對方可能會開始思考以下的目標。

「要留下在轉職時，能夠向新公司展示實力的業績。」

「具體的做法，就是在三個月後的客戶滿意度調查中，拿到百分之八十的『非常好』。」

然後，列舉出達成目標必要的資源和條件。比方說，可以分解出以下提升客人滿意度的要素。

- 客服馬上接電話。
- 客服知道自己想要表達的意思。
- 應對及時。
- 馬上協助解決問題。

在此也列舉如何才能做到讓客人滿意。

- 舉辦學習會，創造向客服高手學習的機會。
- 每週在團隊內分享難以應對的案例。
- 向相關部門提議改善客訴率高的案件。

然後再決定日程實際執行。只要按照這個流程思考，工作方式也會改變。

身為公司的一分子，很容易認為必須把「公司的目的」放在首位，但其實追求個人層次的理想更重要。**因為只有發自內心想要做什麼的時候，才能湧現出想要做什麼的動力。**

如果只是基於「必須遵守公司的規定」、「領多少薪水，就必須做多少事」的理由，能夠湧現的動力有限，但是在追求個人層次的理想時，就可以激發極大的動力。如果能夠因此提升工作表現，當然是這樣比較好。

相反地，如果缺乏目標，隱約覺得「工作不順利」，但又整天在煩惱自己懷才不遇，或是懷疑「自己是不是比別人差？」，很可能在公司中，變成別人眼中「不需要問那麼多，你只要做好這件事就行了」的冗員，因此必須自己尋找目標和課題，擺脫這種狀況。

除了以上的情況，還可能有更小的課題（或者說是煩惱）。

「明天不想去公司上班，要怎麼解決這種心情？」

「明天的簡報非成功不可，但是會不會有問題？」

雖然能夠理解從個人的視角產生的這些煩惱，但是從專案的視角或是公司的視角來看，即使個人的簡報失敗十次，也不會受到影響，當然對業界和社會也根本不會造成任何衝擊。

不妨帶著輕鬆的心情和公司打交道，這樣才更能夠全力以赴。

讓自己的職涯隨時有備案

在前面的內容中，提到「公司不會為你的職涯著想」，當今的日本，終身僱用制度已經崩壞，即使遵從公司的規定，也沒有人能夠保障你的職業人生。

二十五年前，我身為一名工程師開始職涯時，使用的是很久以前開發的FORTRAN．COBOL程式語言，資深的員工都使用這些程式語言。

但是，和我一樣的新進員工學習了當時新開發的程式語言，並在工作中使用。

當時，使用舊程式語言的團隊和使用新程式語言的團隊都沒日沒夜地工作，兩個團隊都投入了需要花費好幾個月、好幾年的專案。

幾年後，使用舊程式語言的團隊終於完成了某銀行的大型專案，我記得那個專案至少花了三年的時間。在那三年期間，那些資深工程師廢寢忘食地工作，但是，在這三年期間，他們周圍的工作環境發生了極大的變化。他們完成銀行的專案後，發現其他案件都換成了新的程式語言，那些只會使用舊程式語言的人沒有案件可做了。

身處同一家公司，我親眼目睹了這樣的現實，那些資深工程師遇到的問題絕對不是與我無關的事，我深切體會到，必須為自己的職涯著想。公司無法照顧個人職涯到最後，尤其當今社會的變化很激烈，如果不隨時學習新知識和新技能，很快就會落伍。

如果只執著於某一條路，一旦那條路突然垮了，就會走投無路。因為必須隨時確保有複數的備案，才能馬上轉換到另一條路上。

第 3 章

用「原子思考流程圖」實現自己的理想

用「原子思考流程圖」，成為理想中的自己

在個人問題上，思考方式基本上大同小異。

①有沒有想做的事或是理想的狀態
②列舉出理想人物的榜樣

在我周遭，有些人看到別人成功，會覺得「好羨慕」，但對自己的現狀無法滿足，為此煩惱不已。而且很多人的自我肯定感極低，經常把「反正我這種人……」、「我不喜歡現在的自己」掛在嘴上。因此，在「個人篇」中，打算先討論「缺乏目的、目標」的案例。

圖 3-1 用「原子思考」流程圖【成為理想的自己篇】

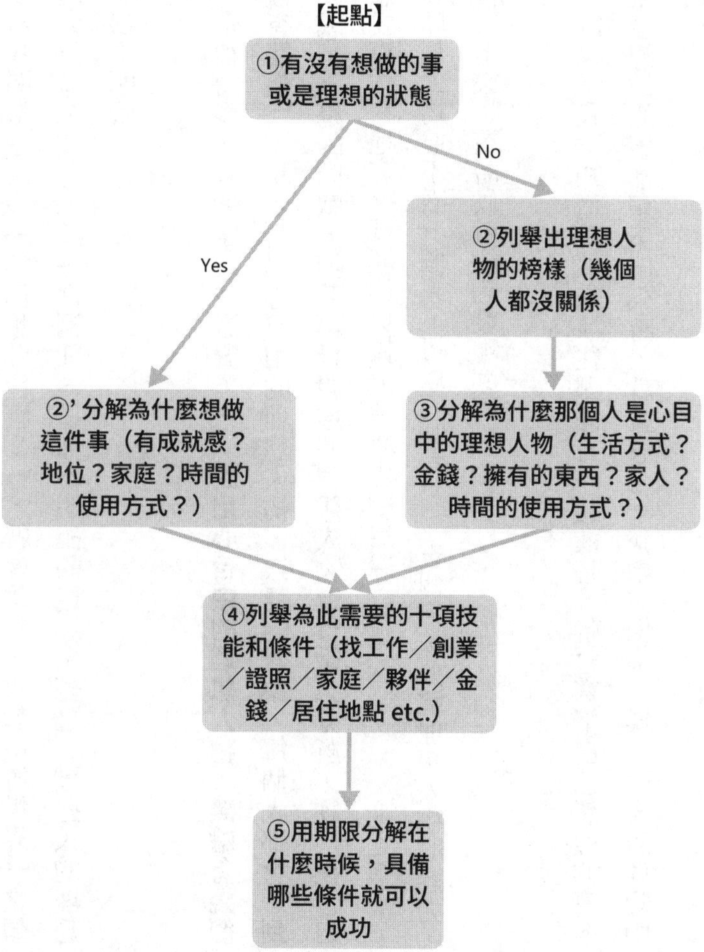
【起點】
①有沒有想做的事或是理想的狀態
No
Yes
②列舉出理想人物的榜樣（幾個人都沒關係）
②’分解為什麼想做這件事（有成就感？地位？家庭？時間的使用方式？）
③分解為什麼那個人是心目中的理想人物（生活方式？金錢？擁有的東西？家人？時間的使用方式？）
④列舉為此需要的十項技能和條件（找工作／創業／證照／家庭／夥伴／金錢／居住地點 etc.）
⑤用期限分解在什麼時候，具備哪些條件就可以成功

當我問這些人：「那你想做什麼？」」，就會聽到「我想環遊世界」之類的短期目標，或是「我想當網紅」這種不明確的目標。總之，這些人的理想狀態很不明確。

這種時候，我通常會建議對方，**「說出心目中的理想人物，無論有幾個都沒有關係」**。說到自己心目中的理想人物、崇拜的對象，每個人都會想到名人或是職場的前輩。接著再針對這些理想人物進行徹底分解，逐一模仿自己想要模仿的地方，就能夠更接近理想中的自己。

理想人物並不限一個人，可以同時有三、五個人，分解理想人物的魅力，然後寫下來，有時候就能夠發現共同點。

每次當我不知道接下來該往哪個方向前進時，就會寫下自己想做的事。連自己想做的事都想不出來時，就會思考「我希望像誰一樣？」思考理想中的自己。

每隔一、兩年，就會設定自己崇拜的對象，寫出自己「為什麼這麼想？」就會了解接下來該做什麼。

想不出具體理想形象的人，也可以試著思考**「如何才能得到眾人的稱讚」**？

我會問我的客戶，他們都是公司經營者。「請你告訴我，如何才能讓別人對你讚不絕口？」

於是有人認為，「營收提升多少日圓，股東就會稱讚我」，或是「更重視和家人相處的時間，家人就會稱讚我」、「減少員工的加班時間，員工就會稱讚我」。

這就是自己心目中的理想形象。

了解自己心目中的理想形象後，再分解要素「這些那些是我目前可以使用的資源」、「這些是可以運用的費用」、「只要在○個月內完成就好」，就更清楚自己該做的事。

決定理想形象之後再進行分解的方法，不僅可以用於個人，也是可以用於工作和團隊的手法。

當對方列舉出理想人物時，大致可以了解對方意識的方向性。

比方說，當對方列舉出網紅的名字中，並沒有活躍在商場上的人物時，就可以知道對方比起工作，更注重充實的生活方式。

如果列舉的理想人物是職場的前輩、上司、經營者或是同一個業界的名人，不妨認為對方比起生活方式，更希望「我想做這樣的工作」、「我希望有這樣的職位」。

因此，了解一個人的理想人物，就可以了解這個人重視工作還是生活。

掌握對方更重視生活還是工作之後，再了解對相反方面的看法。

「你剛才列舉了前輩和經營者的名字，在生活方式的問題上，誰是你崇拜的對象？」

「你剛才說了崇拜誰的生活方式，在工作方面的理想人物又是誰呢？」

用這個方式思考，就能夠更加接近自己理想的生活。

對人生沒有目標的人，很多人會認為——

「我不希望為人生增加更多負擔。」

「即使沒有目標也沒關係，只要能夠維持現狀就足夠了。」

但是，我忍不住很想問：「維持現狀真的足夠了嗎？」我並不是為對方放棄了自己的可能性感到惋惜，而是希望對方了解，「只要工作和生活更順利，可以選擇更美好的人生」。

③分解為什麼那個人是心目中的理想人物

列舉出理想人物之後，再來分解「為什麼那個人是自己心目中的理想人物」。

- 勇敢創業，經營自己的公司，所以很厲害。

圖 3-2 分解「為什麼那個人是理想人物」

分解那個人或是那個人所處的狀態為什麼理想
（生活方式？金錢？擁有的東西？家庭？運用時間的方式？）

- 擁有自由的時間，和各行各業的人接觸，活躍的身影很迷人。
- 除了本業以外，還斜槓很多副業。
- 因為在日常工作中，就可以接觸到很多名人。
- 經常出國，偶爾會接受媒體採訪。很羨慕他能夠自由自在地工作。

用這種方式，列舉出自己認為有魅力的重點。

如果無法列舉出來，不妨從以

下方面思考。

- 家庭
- 工作
- 時間
- 金錢
- 內心、感情
- 擁有的東西

比方說，是因為那個人和很出色的人結婚而心生嚮往，還是覺得那個人很有錢，所以很厲害，或是尊敬那個人身為經營者的手腕，或是嚮往那個人每天自由自在的生活，明確自己認為理想人物的哪方面很理想。

於是可能會發現，原本覺得「我希望可以像某某先生一樣」，但其實自己只是認為那個人的溝通能力很強，其他部分並不符合自己的理想，因此就知道，只要磨練精進自己，具有「像某某先生那樣的溝通能力」，就更接近自己心目中的理想形象了。

分解的好處，在於能夠具體了解自己達到理想狀態的必要條件。

假設「我希望可以成為像C先生那樣在業界很活躍的人！」也不可能真的成為C先生，但是可以分解C先生哪些方面很吸引人。

● 「他在四十多歲時的表現很活躍」↓自己該如何努力，才能在四十多歲時也表現活躍。

● 「在其他業界有豐富的人脈，從事橫跨不同業界的工作」↓是否該積極拓展不同行業的人脈？不知道C先生是在哪裡建立了豐富的人脈？

● 「衣著品味很出色，外表也很帥」↓要不要買和他相同的衣服試試？

如此一來，就可以了解自己該做什麼，以及努力的方向。

即使無法馬上和理想人物一樣，但只要努力往正確的方向努力，等到和那個人相同的年紀時，或許就可以達到理想狀態。

昭和時代的理想形象都很明確，同時每個人也都了解，只要願意花時間努力，自己應該也可以達到那個目標。

但是，如今透過社群媒體，覺得自己崇拜的對象不再是遙遠的存在，而且這些理想人物可能比自己年紀小，或是根本無法了解他們的「發跡史」，完全搞不懂他們為什麼能夠做到那些事。

正因為如此，所以有越來越多人和自己身邊的理想人物比較而感到絕望，認為「自己不可能像他們一樣」。

但是分解之後，就可以具體了解自己為什麼欣賞對方，同時也知道自己努力的方向。

首先找到有可能實現的目標，任何人都能夠踏出第一步。

那些「很崇拜網紅」的人其實可以分為兩大類，一種是希望自己出名，另一種只是希望成為幕後推手。

我曾經對很嚮往 YouTuber 的人說：「既然這樣，你可以自己拍片上傳到 YouTube。」結果那個人回答：「我並不是自己想紅，而是想為網紅做幕後工作。」

也有人說，並不一定要當 YouTuber，只要能紅、能出名就好。

除了前面提到的「重視生活，還是重視工作」以外，還可以思考「自己想紅，還是想做幕後工作」，更有助於了解自己想擁有什麼樣的生活。

所以，可以用「工作—生活」、「自己想紅—想做幕後工作」為兩大軸，製作矩陣圖（下一頁的圖 3-3），就可以分為「希望能在工作上出名」、「希望為名人做幕後工作」、「希望在生活方面出名」、「希望為名人打點生活」四大類，進行進一步分析。

在工作和生活這兩者之間，我個人更重視工作，即使在社群媒體上看到別人發文「這次去杜拜玩」，我也沒有太大的興趣。

在「想出名和做幕後工作」這兩者之間，我屬於更想居於幕後的類型。

圖 3-3 了解自己所屬類型的矩陣圖

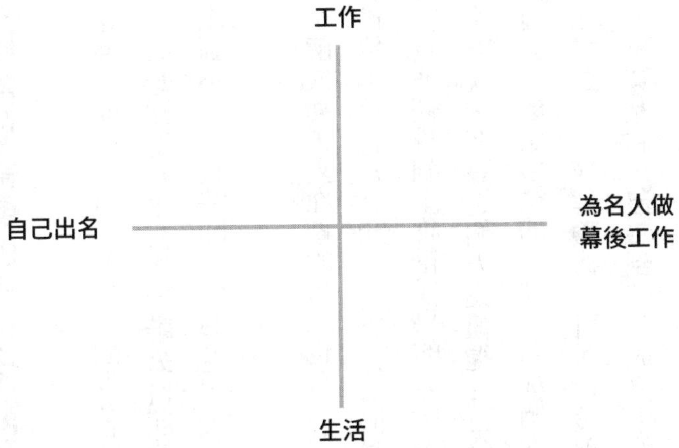

雖然因為工作關係，參加活動時會拋頭露面，但基本上我並不想出名，而是覺得協助別人的工作更有成就感。寫這本書，也不是想要出名，或是希望這本書大賣，而是希望藉由很多人買這本書，讓更多人看到，更多人了解細分後再思考的原子思考，改變讀者的人生。

對我來說，在工作上位居幕後是我的理想狀態。

用這種方式分解成四個象限，就可以根據自己的性格，了解哪一種狀態是自己的理想狀態。

④列舉為此需要的十項技能和條件

如何才能成為自己理想中的人？先列舉出十個必要的技能和條件。

如果想活得自由自在，辭去目前的工作或許就成為條件之一，當然也可以轉職到不需要長時間工作的公司。

了解成功人士在做的事，也有助於達到目標。

雖然通常認為成功人士能力都很強，比別人更努力，但深入了解之後，發現其實他們找到了獲得成果的方法。

比方說，在設定個人業績提升百分之一百二十的目標時，如果同一家公司內有人完成了這樣的目標，向那個人取經也不失為一種方法。

在聽對方分享經驗後，可能會發現「以前一直以為廣告的單價差不多就是八十萬圓左右，沒想到那些成長中的公司接了很多五百萬圓的案件」這些以前完全不知道的方法。一旦了解秘訣之後，就可以付諸行動。

如果覺得自己明明很努力，工作上卻仍然不見起色，很可能只是「自認為很努力」。向成功人士了解如何達成目標，也有助於改變自己的想法，然後在這個基礎上，充實自己不足的要素。只要逐一滿足提升成果的條件並加以執行，就更容易達成目標。

⑤用期限分解在什麼時候，具備哪些條件就可以成功

整理該做哪些事，就可以成為自己心目中理想的人之後，最後用期限來分解，制定在什麼期限之前做到什麼事，就可以達到理想狀態的計畫。

如果想辭去工作，從事更自由的工作，有人會計畫隔天馬上辭職，一年後讓公司的營運步上軌道。也有人認為立刻辭職風險太高，決定分階段執行，先專心經營副業，等到有能力自行接案的半年後再辭職。

思考如何按照自己的步調，努力成為理想的人很重要。

分解之後，目標更明確

在思考理想狀態時，如果只是用「想成為很酷的人」、「希望可以自由自在生活」這種抽象的方式表達，就無法明確目標。

用旅行來思考，就很容易了解。

打算出門旅行時，如果只是「想出門散散心」，沒有明確的想法，根本無法決定要去哪裡旅行。

即使在Google輸入關鍵字「想放鬆 旅行地點」搜尋，也不可能找到。即使搜尋結果提示了某些地點，符合自己需求的可能性也很低。因為實際旅行時，必須考慮預算、人數、交通方式等各種要素。

最近，有旅行社利用即時通訊軟體，推出了可以讓客人在線上尋找旅行地點的服務。「請問您旅行的目的是什麼？」「我想要放鬆。」「請問您有

圖 3-4 用期限分解邁向理想的路

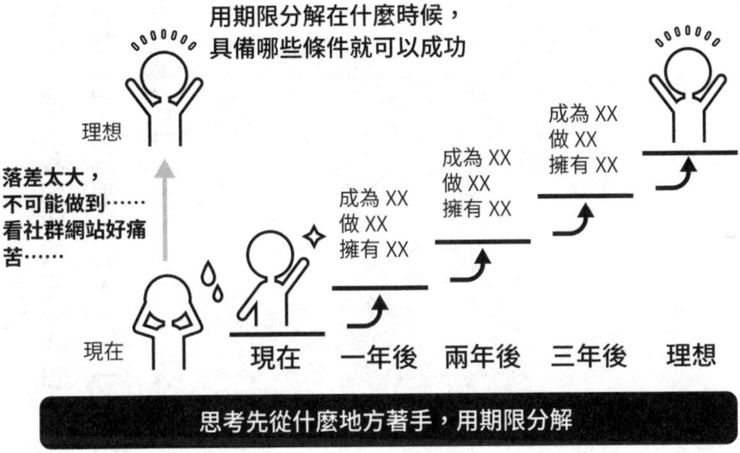

多少預算？」「大約多少多少圓左右。」「您希望去都市還是鄉村？」「我想去鄉村。」……只要按這種方式回答一些簡單的問題，就可以找到自己真正想去旅行的地方。

這完全就是原子思考的實際例子。

把「我想要放鬆」加以分解，就會知道「對我而言的放鬆，就是在海邊度假村，喝熱帶飲料放空」、「去紐約，體驗紐約客的生活超放鬆」、「我想在都市享受貴婦按摩」等實際需求。

徹底分解「我想要放鬆」的想法，就可以找到最佳旅行地點。同樣地，必須分解「想成為很酷的人」、「希望可以自由自在生活」的想法，找到自己真正想做的事。

圖 3-5 實現理想步驟圖

列出理想 or 列舉理想人物	寫下自己想到的人， 無論幾個人都無妨。
藉由分解， 了解為什麼 是自己的理 想人物	分解那個人或是那個人的狀態，為什麼是自己心目中的理想狀態？（生活方式？金錢？擁有的東西？家庭？時間的運用方式？）
達到理想狀 態的必要技 能和條件	如何才能接近那種理想狀態？必要條件是什麼？列舉出十項（工作／創業／證照／家庭／夥伴／金錢／居住地方 etc.）
用期限分解在 什麼時候，具 備哪些條件就 可以成功	思考該做什麼，然後用期限分解

實現個人夢想（已經有想做的事）

其次是個人已經有想做的事的情況（在前面圖 3-1 的流程圖①中回答 Yes 的情況）。

這次以「雖然目前在公司上班，但想要靠興趣插畫賺錢的人」為例來思考。

②'分解為什麼想做這件事

雖然可以清楚了解「想要成為插畫家」，但「想要靠插畫賺錢」的理想就不夠明確。因為無論是職業插畫家，還是基於興趣畫插畫賺零用錢，都同樣是賺錢。

因此，將「想要靠興趣插畫賺錢」的理想進行分解，就可以分成「最終希望可以成為插畫家養活自己」和「除了本業以外，還想靠插畫賺錢」這兩大方向。首先必須明確是兩大方向中的哪一種情況。

然後，再進一步分解為什麼想從事插畫工作，可以列舉出以下的項目。

- 想要獲得認同。
- 想對他人有幫助。
- 想做自己喜歡的事。
- 想獨立工作。

如果「想獨立工作」的想法很強烈，或許就可以決定最終「靠插畫養活自己」是最理想的狀態。

④列舉為此需要的十項技能和條件

接下來思考想要靠插畫賺錢必須具備的技能和條件（如果像這個案例一樣，已經擁有目標時，可以從131頁的流程圖的②進入④）。

- 提升插畫技能。
- 尋找自己擅長領域的插畫。
- 學會使用插畫軟體。
- 尋找願意購買自己插畫的人。

其中，最優先的當然就是提升插畫技能，達到職業水準。因為和其他要素相比，提升技能需要花費的時間最長。

為了提升技能，必須在目前的生活中壓縮工作的時間，確保有充分的時間練習插畫。但是，如果為了有更多時間畫插畫而辭職，導致經濟陷入拮据，可能反而沒辦法練習。

在我周遭有許多人有想斜槓的副業，卻因為本業太忙，或是沒有資金而遲遲無法行動。

甚至有人「因為沒時間（沒錢），這三年左右都過得很不開心」。因為沒有時間或沒有錢而不去做自己真正想做的事，實在太可惜了。

首先可以向「學會高效率工作的方法，盡可能縮短加班時間」、「對目前的工作抱著得過且過的態度，力求準時下班」、「另找比目前薪水更高，也可以斜槓副業的工作」等方向摸索。

分解到可以了解「行動」的程度

對於每個條件，如果不夠明確，就不知道接下來該做什麼，因此要持續分解到能夠了解接下來具體該付出什麼行動的程度。

圖 3-6 用矩陣圖整理目標

比方說，分解「尋找願意購買自己插畫的人」這個條件，既可以一張一張賣給個人，也可以接出版社的工作，或是為廣告代理商畫廣告視覺插畫。

如果打算一張一張賣給個人，可以在ＩＧ上持續上傳插畫，增加追蹤人數到能夠讓流量變現的程度。

如果想畫企業廣告插畫，可以在群眾外包平台「Crowdsourcing」上登記，或是在本業的工作中，努力和廣告代理商等未來可能成為自己客戶的公司建立關係。

也可以從「賣插畫」的相反角度思考，也許可以找到「出售技術（教別人畫插畫）」的方法。

最近，即使插畫本身無法賺大錢，但可以為那些想要成為插畫家的人舉辦「把插畫當副業的方法」的講座，擔任講師也是另一種賺錢之道。

如果想在這些選項中決定自己該做的事，也可以採用畫出軸線進行整理的方式。

以「企業．法人─個人」、「出售作品─出售技術（教學）」為軸線思考，就可以畫出像圖3-6的矩陣圖。

於是就可以進一步思考，因為想讓更多人看到自己的插畫，所以最終希望和廣告公司或出版社合作，但是因為擔心收入的問題，所以在有一定程度的成果之後，也想擔任講師。這種方式或許有助於更廣泛地規劃自己的職涯。

如果想好好珍惜自己的作品，可以在ＩＧ上賣給個人，為此或許就會做出要在副業方面更努力的決定。

將頭號必要要素「提升插畫技能」加以分解，就可以列出以下的方向。

- 安排學習的時間（加強本業的工作效率，擠出時間）。
- 尋找願意教自己的老師、學校。
- 願意指正自己的人。
- 畫插畫的器材、畫材。
- 上課、購買材料的錢（節約或是增加本業收入）。
- 一起努力的夥伴。

當插畫技能提升，想要以插畫為職業時，可能還需要以下的條件。

- 影響力、宣傳能力、自我推銷能力。
- 溝通能力。
- 人脈。
- 高效率完成目前工作的能力。

⑤最後用期限分解

最後用期限來分解在什麼時候，具備哪些條件就可以成功。

首先，確保資源是最優先事項。首要任務就是更有效率完成目前的工作，「減少本業工作的時間」，同時「增加本業收入」。

假設目前是「兩年後成為職業插畫師」，專案的期間設定為兩年。如果一開始就能夠安排每週五個小時的時間進修，兩年期間，每個月都有二十個小時可以用於提升技能。相反地，如果只在最後兩個月減少本業的工作時間，兩個月也只有四十個小時精進。

不妨按照以下的計畫執行。

・提升插畫技能（第一年）

就讀專科學校夜間部（一年）

圖 3-7 分解成為插畫家的期限

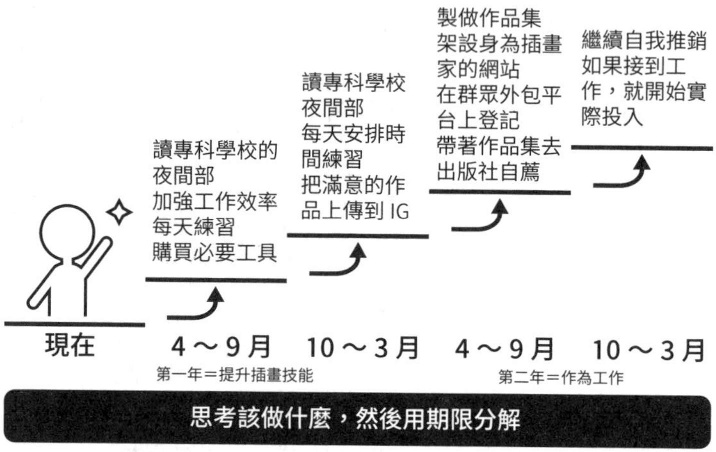

提升工作效率，每天練習一個小時。

購買必要材料。

把滿意的插畫上傳到IG上，觀察大家的反應。

・作為工作（第二年）

製作自己的作品集（第一個月）

架設身為插畫家的網站（第二個月）

在群眾外包平台上登記（第二個月）

帶著作品集去出版社自薦（第二個月～）

希望不為錢發愁，自由自在地工作

我認為「不為錢發愁，自由自在地工作」是很有當今時代特色的理想狀態，我相信很多人都有這種想法。

最後來思考一下「希望不為錢發愁，自由自在地工作」這個目標。

分解「希望不為錢發愁，更自由自在地工作」的意思

「希望不為錢發愁，更自由自在地工作」這句話有點模糊不清，所以不妨來分解一下，什麼是自己的理想狀態，讓目標更加明確。

每個人心目中金錢和工作的理想關係不盡相同。

我身邊的朋友屬於「想做很多有趣的工作」這種類型的人。

因為一直想做有趣的工作，即使錢進來了，也沒時間花錢，所以對賺錢這件事並不會太熱衷。

這種生活很像是「《Jump少年週刊》的當紅作家，持續被截稿期追著跑，根本沒有時間花錢」，但是的確符合「自由自在地做有趣的工作，不為錢發愁」的條件。

現在很多年輕人的價值觀都重視工作和生活之間的協調。雖然喜歡工作，但不會把所有的時間都投入工作，希望下班後的生活也很充實。享受生活需要金錢，所以希望能夠自由工作，在時間上有充分的自由，同時有效率地賺錢，這種生活方式和我心目中「不為錢發愁，自由自在地工作」屬於不同的理想模式。

因此，同樣是追求「不為錢發愁，自由自在地工作」，每個人心目中的理想狀況並不相同。

因此，不妨用「金錢」，以及和自由相關的「時間」、「地點」來分解狀況。

- 「金錢」……希望年收入一千萬圓。
- 「時間」……希望只上半天班，理想狀況是包括加班時間在內，是普通上班族工作時間的一半，每個月工作一百小時。
- 「地點」……希望可以在世界各地，自己喜歡的地方工作。

由此可見，理想狀況是想做一份可以在任何地方工作，年收入一千萬圓，每個月工作一百個小時（或是只要做出成果就ＯＫ）。

什麼工作可以一個月只工作一百小時，年收入一千萬？

首先思考一下，什麼樣的工作可以達到年收入一千萬圓。

可以將工作分解成「本業」和「副業」，但是因為已經設定工作時間是一百個小時，所以很難以上班族的工作作為本業。

假設想到「和尚收入很高，又不會像上班族那樣被公司綁住」這種可能性，只不過普通的上班族幾乎不可能因為「想變有錢人」而成為和尚。

即使克服各種制約，順利當上了和尚，週六、週日也必須去拜訪施主，所以根本沒時間安心悠閒地去旅行，不符合工作自由的條件。

分解「那些在理想狀態下工作的人，都做哪些工作？」、「他們是靠什麼賺錢？」後，應該發現大部分人都是自己當老闆。也就是只接別人指名自己個人的工作，就可以在想工作的時候才工作，想休息的時候就休息。

然後列出所有可以達到年收入一千萬圓、工作時間一百個小時，可以不受地點拘束的工作，再挑出自己有能力做的工作，或是即使現在沒有能力，但希望以後有辦法勝任的工作。

最後，再用期限來分解，目前該付出什麼樣的努力，才能從事那項工作（131頁④⑤）。

比方說，可以按照以下的方式計畫。

【計畫三年後自立門戶】

- **決定自己在哪方面有辦法自立門戶（第一年）**

向已經自立門戶的人取經
分析自己力所能及的事
建立事業計畫

- **以副業的方式開始進行（第二年）**

在群眾外包平台上登錄
通知有可能成為自己客戶的朋友
培養有可能持續提供工作機會的客人（決定目標客戶人數）

順利步上軌道後，做離職的準備

・準備自立門戶（第三年）

離職

架設網站

申請商業帳號

印名片及其其他事項

開始展開活動

我如何開始從事目前的工作

最後，想在這裡分享一下我個人的情況，提供各位作為參考。

當初，我在思考「怎樣才能擁有自由的生活？」這個問題後，辭去了AI軟體公司SmartNews的工作，創立了Moonshot這家公司。

首先，我思考了「對我而言的自由是什麼？」這個問題，最後做出了定義，「有錢有閒，時間和金錢方面都有餘裕，只做自己喜歡的工作」。因為我之前每天都沒日沒夜地工作，所以希望日子可以過得輕鬆一點。

但是，「有錢有閒」的狀態太籠統了，於是我加以數值化，定義為「年收入三千萬圓，每個月工作五十小時」。普通上班族每個月的工作時間大約一百六十小時，這就意味著我理想中的狀態是減少工作時間，但是年收入要比以前更多。

通常都會認為「根本不可能」而放棄，但我又繼續分解，列出了我不想做的事。

- 不想製作資料。
- 無法遵守交貨期。
- 不想和討厭的人一起工作。

我知道自己很任性，但既然要創業，就要努力追求可以充分滿足自己的條件。

另一方面，我創業的時間點也有問題。因為剛好和幾位行銷業界前輩創業的時間重疊。

如果我自稱是「行銷顧問」，就會被認為是和前輩搶生意，也會被拿來做比較，必定陷入痛苦的競爭，即使在競爭中占了上風，也不是什麼開心的事。

於是我放棄了行銷顧問的工作，思考如何靠其他工作，實現心目中的理想狀態。雖然想做其他工作，但不可能從頭開始從事完全沒有經驗的工作，於是我開始思考如何運用自己的經驗，投入「前所未有的工作」（這裡也運用了從「相反角度」思考）。

我在調查之後，發現美國有「指導師（adviser）」這個行業，和經營者聊天後，引導企業走向更理想的方向。指導師的工作不需要製作資料，也不會受到交貨期的束縛，可以在短時間內做出成果。

為一家公司諮商指導四個小時，時薪三十萬圓，年收入三千萬圓也不是遙不可及的目標。同時，也完全滿足不受交貨期束縛，可以拒絕不喜歡的工

圖 3-8 整理如何才能自由生活

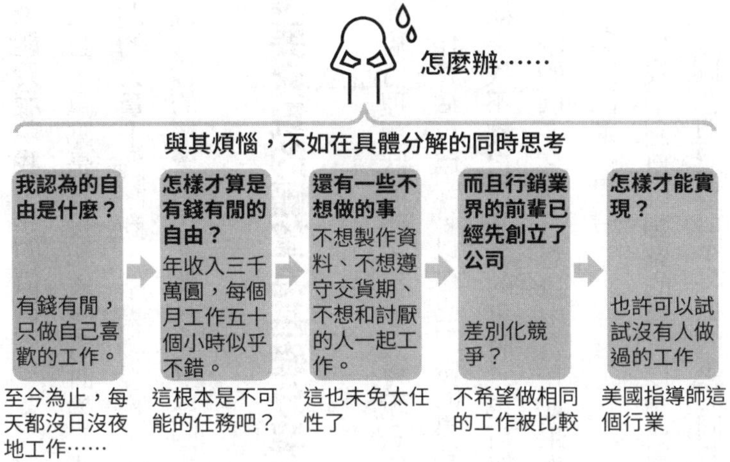
怎麼辦……
與其煩惱，不如在具體分解的同時思考
我認為的自由是什麼？
有錢有閒，只做自己喜歡的工作。
至今為止，每天都沒日沒夜地工作……
怎樣才算是有錢有閒的自由？
年收入三千萬圓，每個月工作五十個小時似乎不錯。
這根本是不可能的任務吧？
還有一些不想做的事
不想製作資料、不想遵守交貨期、不想和討厭的人一起工作。
這也未免太任性了
而且行銷業界的前輩已經先創立了公司
差別化競爭？
不希望做相同的工作被比較
怎樣才能實現？
也許可以試試沒有人做過的工作
美國指導師這個行業

作這些條件。

如此這般，我用原子思考，尋找能夠滿足這些條件的工作，最後決定投入目前的工作。

時薪一萬圓和三萬圓的指導師，通常面對的都是公司部長級的人物，但時薪增加到三十萬，就可以直接和經營者溝通。因為單價很高，所以經營者不會說「你和第一線的工作人員談一談就好」。

如此一來，我就能夠以指導師的身分，從事改變企業的工作，經營者也能夠發現我工作的價值。

而且，重點是直接和經營者討論，才能夠解決問題。之前曾經有一位業務部門的人員上門諮商，結果發現真正的問題出在行銷部門。有時候直接面對掌握大權的經營者，才能真正解決問題。

以想要實現的願望為基礎分解

在思考理想狀態時，很多人會說「我想成為自由工作者」、「我想靠做網路工作養活自己」，以自己想做的事為基礎思考。

如果找不到自己想做的事時，也可以根據想要實現的事進行分解。如同前面所舉的例子，從「想自由自在地工作」、「不想做製作資料這種不擅長的事」等狀況進行思考。

如果找不到自己想做的事，以想要實現的願望為基礎分解，更容易了解課題，可以在迴避自己不喜歡的事的同時，摸索理想的狀況。

我在了解美國有指導師的工作後，確信「可以和行銷業界的前輩有所區隔」、「不需要製作資料，也不受交貨期的束縛，更不需要和討厭的人一起工作」、「可以達到理想的年收入和工作時間」、「有錢有閒，只做自己喜歡的工作」，於是就開始了目前的工作。

找到想要做的工作後，只需要分解要素

以實現自己的願望為基礎思考後，設定「想做的事＝成為指導師」的目標後，再根據131頁的流程圖進行原子思考。

前面就已經分解了「為什麼想做這件事？」，所以接下來列舉必要的技能和條件。

「先接三個案例作為試水溫。」

「必須學習時薪三十萬圓的提案方法。」

「不需要任何證照。」
「沒有家人的後援也沒有問題。」
「工作本身並不需要成立公司，個人也可以接案，但日後會和大企業合作，也許成立一家公司比較好。」
「先去顧問公司上班也不失為一種方法。」
最後，再用期限分解，掌握做以上這些事的時間期限，就可以明確了解該做的事。

在認為「根本不可能做到」之前……

假設在分解理想狀態後，鎖定了「成為網紅，賺錢養活自己」的工作。各位讀者中，可能有人會認為「這根本不可能做到」，但是，我並不這麼認為。

每次觀察二十多歲的年輕人，發現一件很有趣的事，那就是他們成為網紅，賺取廣告收益的工作形態非但不是天方夜譚，而是成為誰都可以選擇的狀況。

TikTok 對這件事貢獻良多。

因為在 YouTube 或是 ＩＧ 上，追蹤人數成長並非易事。想要在 YouTube 上增加追蹤人數，需要有足夠的口才，讓觀眾聽十分鐘都不會感到厭倦。想要在 ＩＧ 上增加追蹤人數，日常生活必須夠精彩，夠讓人羨慕。

相較之下，TikTok 的影片大部分都很短，差不多都是十五秒到一分鐘，只要能夠上傳有個性、趣味性十足的內容，就可以被很多人看到。

起初大家都認為 TikTok 無法宣傳商品和服務，但是最近的調查發現，消費者決定購買商品的時間越來越縮短，如今在十五秒就做出判斷，決定購買。

而且 TikTok 因為演算法的關係，有時候追蹤數和「讚」數會突然增加，所以可說是人人有出名的機會。

如今的觀眾習慣短時間觀賞喜愛的內容，消費者也在短時間決定購買，所以降低了網紅帶貨的門檻。

現在很多企業都在 IG 和 TikTok 上經營官方帳號，因為越來越多企業發現，努力在 IG 和 TikTok 上製作充實的內容，比在電視上播放十五秒廣告更能夠吸引顧客。

而且年輕人比年長者更擅長經營社群網站，所以都由年輕人擔任這些官方帳號的「小編」。經營官方帳號時，以「拍攝商品上傳」的內容為主，當然也就不需要每天進公司，長時間坐在辦公桌前。

因此，對時下二十多歲的年輕人來說，實現前面所提到的「工作（金錢）↓年收入一千萬圓」、「時間↓每個月工作一百小時」、「地點↓在世界各地喜歡的地方工作」的可能性大為提升。

社會已經發生了巨大的變化，如果仍然無法拋開陳舊的價值觀，拘泥於傳統的工作方式，未免太吃虧了。我認為每個人應該努力投入自己真正想做的工作。

尤其在新冠肺炎之後，很多企業都引進了遠距工作，不需要整天坐在上司面前工作。在以前，「上司還沒下班，不好意思先下班」、「要留下來加班，讓上司認為自己工作很努力」之類的做法可以發揮效果，如今不是靠時間，而是論結果決定工作成效。

在昭和時代，認為每個人的生產能力都一樣，但如今不同人的生產能力可以相差十倍、一百倍，企業也開始改變了評價方式，針對員工的生產能力進行評價。

日本也終於從埋頭苦幹的時代，進入了提升工作品質，努力做出成果的時代。

用「原子思考流程圖」實現目標的秘訣

可以在中途改變目的和目標

想做的事或是理想狀態並非決定之後就不能改變。

「我必須貫徹始終，完成剛踏上社會時建立的目標！」

「我已經努力了這麼久，不想現在改變目標。」

雖然能夠理解這種心情，但現在和當時的社會情勢不同，自己也發生了改變，如果勉強堅守當初的目標，反而會減少自己的選擇。

「請列舉出你心目中的理想人物」時，有些人會列舉出完全不同行業的人。於是我就問他們：「即使你朝著目前的方向繼續努力，不是非但無法接近自己的理想，反而會越離越遠嗎？」很多人才好像如夢初醒，終於發現這個問題。

我經常告訴別人，「把過去的自己當成別人」。從現在回顧過去，通常會發現過去的自己很不成熟，條件也不理想。我認為並不需要對在那種不良狀況下建立的約定太執著。

可以隨著各種不同因素的變化，很有彈性地改變目標。與其認為未來是過去的延續，不如認為未來可以選擇一條自己喜歡的、全新的路，就能夠富有彈性地改變目標。

以長遠角度思考

在思考理想中的自己時，必須從長遠的角度思考，思考自己最後想成為一個什麼樣的人。

很多人在描述自己的理想狀態時會說「我希望三個月後出國旅行」、「我想在一年後創業」，思考五年後、十年後生活方式的人少之又少。

即使只考慮到眼前的情況慢慢努力，五年後、十年後也未必能夠邁向理想中的人生，而且十之八九無法如願，因此必須從長遠的角度思考，自己想成為什麼樣的人。

掌握資訊

在思考自己想做的事時，隨時掌握最新資訊很重要。

比方說，也許有人看了這本書前面提到的「努力在ＩＧ或 TikTok 上成為網紅」後，才發現「原來還有這種方式」。

因此可見，如果缺乏資訊，就不會想到這種方法。光是了解目前流行哪些媒體，就有助於拓展選項（在二〇二一年十一月，ＩＧ和 TikTok 很紅，但明年會流行什麼就不得而知了，必須隨時更新最新資訊）。

我身邊有年輕人，至今仍然受困於「讀一所好大學，畢業後進一家好公司」的傳統人生規劃，我和他們分享了以上的想法，他們才終於發現「世界的確在變化」，然後開始思考自己真正想做的事。

改變「無可奈何」

我發現很多人遇到狀況，就覺得「這也是無可奈何的事」，然後就摸摸鼻子接受了。

「這是上司交代的課題和目標，所以只能悶頭做。既然要領別人的薪水，這也是無可奈何的事。」

「雖然我有崇拜的對象，但我和他差太遠了，根本不可能像他那樣，這也是無可奈何的事。」

但是，認為無可奈何，其實是「沒有思考有什麼辦法」。反過來說，只要能夠掌握方法，就可以達到自己的理想。

運用原子思考，可以把之前認為無可奈何而放棄的問題，轉換成「有辦法做到」。

大部分人內心都有嚮往的目標，但同時認為自己無法做到。

「因為我的工作都是常規性作業。」

「因為我在外地工作。」
「因為我已經有孩子了，不想改變環境。」
想要找「做不到」的理由，當然能夠不勝枚舉。
但是，只要分解自己放棄的原因，就會意外發現有很多可以改變的要素。
「你說你的工作都是常規性作業，那麼換工作之後，是否能夠改變這種情況？」
「在當今的時代，上班地點並不是太大的問題，但如果你認為住在外地成為不利因素，是否考慮搬來東京？」
當我用這種方式提議時，很多人驚訝地說：「我以前的確從來沒這麼想過。」
不思考成功的方法，就會整天思考做不到的理由。一旦發現原本以為無法改變的事，可以因為轉念而改變，就可以成為「從現在開始改變」的重大契機。

第 4 章

完成目標、業務、行銷、日程安排、
會議、提案、創意、團隊領導……

各種運用在工作上的分解

在本章中，將介紹如何運用分解，解決各種問題。將假設在某製造商電子商務部門任職的山田和山田的上司，以及山田團隊內的新進員工原田遇到了某些問題，然後加以解決。

〈山田〉

任職於某製造商，在電子商務部門帶領了一個團隊。由於沒有達到業績目標，離目標業績十億圓還有百分之十的距離，上司要求改善。

「本年度的業績沒有達到目標，可以設法在接下來這一個月解決嗎？」（上司說）

遇到「離目標業績十億圓還差百分之十」的狀況時，很容易落入「只差百分之十，那就再努力一下」、「只差一億圓，那就更積極拉生意」的思維，也就是想要藉由努力完成目標。

但是，正如前面所說，營收有明確的公式，所以首先分解一下目標營收。

十億圓的營收就是**「來客人數（有多少人購買）」×「客單價（每個人買多少）」**，極端地說，可以分解成「一萬人每個人都買十萬圓」或是「十萬人每人都買一萬圓」兩種情況。

也就是說，距離目標業績還有百分之十時的課題，可以分成兩種情況。

一種是**「客單價」**。比方說，雖然的確有一萬名客人，但因為售價打了九折，所以單價是九萬圓，導致總營收與目標營收還相差百分之十。

另一個因素是**「來客人數」**。如果宣傳不利，就會導致來客人數不足。雖然客人以單價一萬圓購買商品，但因為來客人數只有九萬人，所以還相差百分之十。

確認是因為以上哪一個原因導致營收不足之後，再採取補救措施。

假設發現來客人數不足百分之十。

這種情況下，就需要把「來客人數」進一步分解。

如果是電子商務的來客人數不足，可以分為以下兩種情況。

①「登陸頁面（Landing Page）的網站來客數比預料中更低」**（來客數）**

②「雖然訪客數很多，但並未獲得預期的下單數。」**（CVR：Conversion Rate，轉換率，實際下單數占造訪網站的來客數的比例）**

如果是來客數有問題，就必須重新檢討宣傳和流量問題。

如果是轉換率有問題，很可能是登陸頁面太複雜，或是有讓購買者產生猶豫的內容。

最近常見的「多少圓以上免運費」的服務，就很容易讓購買者產生猶豫。

比方說，假設電商的目的是希望將客單價拉高到一萬圓，設定「超過一萬圓免運費」。如果客人想買的商品是八千圓，就會因為「必須再買一件商品才免運費」、「但是，我並沒有其他想買的商品……」而陷入猶豫。雖然努力尋找另一件商品，但五分鐘後想起有其他事要處理，就會降低購買慾。

客人很可能在猶豫之後覺得「沒必要勉強湊一萬圓」，有很高的機率會放棄購買。

如果沒有設定「一萬圓以上免運費」，客人就會購買八千圓的商品，沒想到為了達到業績目標，反而降低了轉換率。

整理以上的內容可以發現，將營收目標分解成「客人數」和「客單價」，如果「客人數」有問題，就進一步分解成「來客數比預料中更低」和「訪客進入網站後，購買人數很少」（轉換率低）這兩個問題，採取必要措施。

也許可以採取以下的措施。

- 檢視宣傳（和來客數有關）
- 檢視折扣方案（和轉換率有關）

● 改善網站介面（和轉換率有關）
● 改善商品本身（和轉換率有關）

原本建立目標的方法

照理說，應該在目標的階段進行分解，如果「未達到營收」，就要確認是「來客人數」和「客單價」中，哪一項和目標相差百分之十。於是就會馬上發現，「雖然原本設定客人一萬人×客單價十萬圓，總共十億圓的營收，但由於來客人數只有九萬人，所以總營收相差百分之十」。

但是，在我向客戶公司確認來客人數和客單價的目標後，十之八九會聽到以下的回答。

「雖然設定了營收是多少圓的目標，但並沒有設定來客人數和客單價的目標。」

請各位讀者牢記一件事，原本並沒有來客人數和客單價的目標，就代表

4-1 分解營收

● 分解營收

「來客人數（有幾個人購買商品）」 ×
「客單價（每個人買了多少錢）」

●分解的實踐

營收下滑

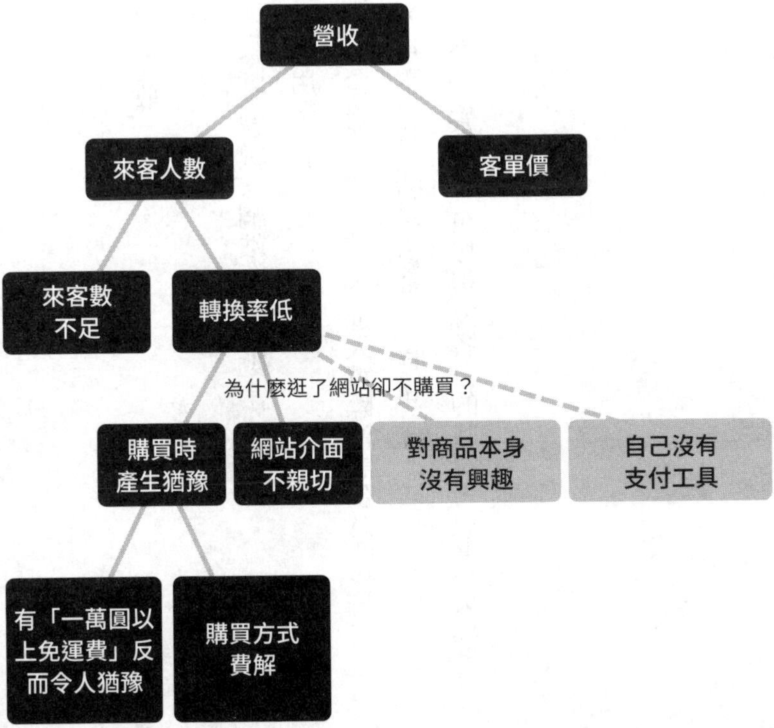

目標不明確。

公司的目標並不是只有「營收」而已。

比方說，還有以下目標。

- CVR（轉換率）＝實際購買數÷網站造訪人數
- 錄用人數＝應徵者×錄用率
- 順利洽談生意的人數＝要求見面的次數×進入實際洽談生意的比例
- 製作品數量＝人數×每單位時間製作數量×時間

也可以將不同的要素放入乘法公式，可以根據各自的狀況，思考符合實際情況的公式。

分解問題、目的

「想和其他部門合作完成目標」（山田）

不要試圖只靠自己力所能及的事解決問題

遇到問題時，務必將尋求其他部門的支援加入選項內。如果只在自己力所能及的範圍內努力解決問題，很可能會導致狀況進一步惡化。

如果因為自己屬於電子商務部門，所以試圖只在電子商務的領域提升營收，就無法採取調整商品價格和改善商品本身的對策。只要分解目標，就會發現明顯必須改善商品和價格，卻在沒有分解的情況下，只在自己部門力所能及的範圍內進行改善，往往會選擇以下錯誤的對策，導致期待落空的結果。

● 真正的原因是商品有問題，卻想要「更積極招徠客人」，投入廣告費吸引客人，結果反而導致利潤下降。

● 登陸頁面完全沒有問題，卻花錢優化網站，結果只獲得「轉換率提升了百分之十」這種有限的效果。

● 引進「多少圓以上免運費促銷活動」，結果反而導致客人產生猶豫，更加遠離營收目標。

在需要「改善商品」時，如果電子商務的負責窗口試圖獨自尋求解決方案，能夠增加來客人數的選項非常有限。

比方說，想出「讓每個客人購買更多商品」，藉此提升客單價的方法，於是將「購買一萬圓以上免運費」的條件改成「購買一萬五千圓以上免運費」，原本可以享受一萬圓免運費服務的人會覺得「既然不是免運費，那不買也沒關係」，於是就更加遠離網站。

負責的窗口看到這種情況，更覺得走投無路。

「來客人數減少，必須再提升客單價，否則就無法達成目標，那就只能採取兩萬圓以上免運費的措施。」

雖然購買超過兩萬圓的人數可能會增加，但整體購買人數會大幅減少。

於是，就會陷入惡性循環。

營收是來客人數和客單價相乘的結果，只要來客人數增加，即使每個人購買的金額不高，也能夠達到營收目標。即使客人購買的金額不高，如果享受到良好的服務，客人人數就會持續增加。

但是，當來客人數減少時，很容易像這個案例一樣，追求「怎樣才能提升單價？」，於是就導致服務對客人更加不利，陷入惡性循環，客人越來越少。

如果想要真正解決問題，最重要的是必須找出「在和所有部門相關的問題中，真正的問題出在哪裡？」

跨越部門之間的隔閡，解決問題

但是，在某些組織內，不同部門之間的合作並非易事。

這種時候，如果「原子思考」能夠成為公司內的共同語言，就可以消除部門之間的隔閡，朝向同一個目標努力。

比方說，除了「達到十億圓營收的目標」以外，把「讓十萬人分別購買一萬圓的商品」作為整家公司的方針，就可以決定各個部門的目標和該做的工作。

宣傳部門的人就會以「讓十萬人購買本公司的商品」為目標，商品開發部門的人就會建立「要設計出可以讓十萬人購買的一萬圓商品」。

為了讓十萬人購買，就必須展開相當大規模的宣傳促銷活動，假設轉換率是百分之五，就必須吸引兩百萬人進入網站。

「那就來設計有兩百萬訪客人數的促銷活動。」

「為了確保百分之五的轉換率，網站的介面必須簡單明瞭，而且反應必須迅速。」

「要進行市場調查，了解如何才能開發出兩百萬人願意購買的商品。」

如此一來，各個部門的目標就變得很具體。

相反地，如果改成「讓一萬人購買十萬圓的商品」，商品開發和宣傳活動的方式也會不同。在對象客群經常接觸的社群媒體上下廣告，或許比傳統媒體的廣告更有效，也可能需要打造品牌。

如果最初的目的不明確，方法也會雜亂無章。用這種方式分解大目標，讓目標變得更加具體，可以為各個部門制定適當的目標，有助於各部門實際運作，達成目標。

說一件題外話，我在二〇一六年進入 SmartNews 這家公司，擔任品牌廣告負責人（Head of Brand Advertising），公司要求我「提升廣告的營收」，但我最先向公司提出的要求是「請努力增加 SmartNews 的使用者」。

在我進公司之前，SmartNews 的使用者人數有將近兩年沒有成長。沒有人會願意在使用者沒有增加的網站下廣告。只有「使用者增加」，廣告才賣得出去。而且使用者增加，廣告曝光的機會也會增加，廣告欄位的庫存也會增加，更有助於營收的成長。

我認為以合理價格售出大量廣告，讓更多使用者接觸到廣告很重要。如果經常讓同一位使用者看到相同的廣告，很有可能會因此導致使用者放棄使用 SmartNews，如此一來，使用者會隨著時間慢慢流失。

如果讓更多使用者看到廣告，每個人看到的廣告次數就會減少，就不必太擔心使用者流失的問題，所以我請公司「首先增加使用者」。

在這個案例中，最重要的是雖然我是銷售的負責人，卻提出了增加使用者這個銷售以外的措施。即使是自己無法直接解決的問題，也要和公司一起思考。想要真正解決問題，必須要有這種討論。

4-2 籠統的目標和具體的目標

● 分解目標

目標 ＝ 分解到各個部門都具體了解該做什麼

●分解的實踐

〈負面例子〉

營收增加十倍

- 商品開發：無論如何都要設計出好商品
- 宣傳：反正在媒體狂打廣告就對了
- 電子商務：讓訪客進入網站後，就大買特買

整體目標都很籠統

〈理想例子〉

努力讓十萬人購買一萬圓的商品

- 商品開發：設計出價格親切，又有高級感的商品
- 宣傳：因為要吸引十萬人，所以需要在媒體做廣告
- 電子商務：是否能夠舉辦促銷活動，讓客人覺得一萬圓並不貴？

齊心協力，一起努力

雖然這種討論需要經過一段時間之後才能呈現結果，也無法很快獲得評價，但從社會視角、業界視角和公司視角等高層次的視角思考，最後一定能夠向良好的方向發展。

分解
購買數量

「單價無法提升，要設法增加購買數量」（山田）

只要增加來客人數，就可以增加購買數量，可以分解成以下的情況。

①來客人數×一次購買數量

②來客人數×購買次數

①增加每次的購買數量

哪些原因可以讓客人大量購買呢？

最簡單的方法，就如同第一章中提到的，讓客人用來「送禮」。

原本客人只買一個自己吃，但或許會因為「這個點心很好吃，買來當伴手禮」而決定一口氣購買十幾個。

最具代表性的就是「虎屋」的羊羹。羊羹也有不同的包裝，有自家食用的一整條羊羹（竹皮包羊羹價格為兩千八百圓），送禮用的有三十六個裝的小羊羹（價格一萬圓）。

除此以外，組織內每個人都使用的商品，或是可以發給眾人的紀念品，都可以讓客人一次購買大量商品。

②增加購買次數

接著思考「購買次數」的問題。

每週一次、每月一次、每年一次，購買次數有各式各樣的情況，最近流

4-3 分解購買數量

●購買數量的分解

購買數量①＝來客人數 × 一次購買數量

購買數量②＝來客人數 × 購買次數

●分解的實踐

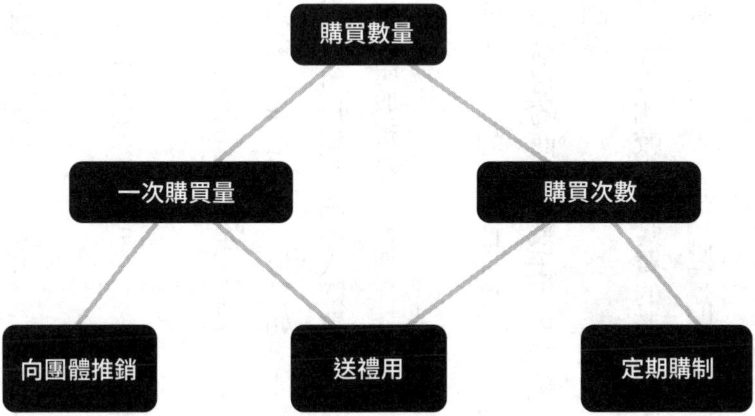

行定期購制度，所以也可以思考引進「定期購買，一年十二個月，每個月都定期購買一萬圓的商品」的方式。

定期購制度在提升顧客終身價值（Life Time Value）時，也是能夠發揮巨大效果的方法。

客人在購買商品時，會經過「要買嗎？還是這次先不買？」的猶豫之後，再做出購買的決定。這種猶豫的過程絕對無法避免，但是如果能夠讓客人決定定期購買十二次，只要猶豫一次，就可以獲得讓客人購買十二次的效果。對企業來說，等於努力一次，就可以讓營收提升十二倍。

當然還必須思考自家商品和定期購制度的相容性。比方說，像行李箱這種購買一次之後，就暫時不需要再次購買的商品，幾乎不可能讓同一位客人每月購買，這種商品不適合定期購制度。

相反地，如果是價格比較便宜，客人比較容易購買的商品和服務，不妨推出能夠以數個月、一年、兩年、數年為單位，定期購買的方式。

分解期限

「思考一下達成目標的日程」（山田）

山田的團隊在明年之前要完成十億圓的營收目標，但是距離目標還有一億圓左右的差距。

一年要增加一億圓的營收聽起來似乎很困難。

當公司提出很大的目標時，很多人會把現狀和理想放在同一個時間軸上思考，因此被理想和現狀之間的巨大差距嚇到，陷入恐慌，覺得「絕對不可能做到」、「不知道該從哪裡著手」。

甚至有人採取一些不切實際的措施，想要快速增加營收。

4-4 分解期限

● **期限的分解**

期限 ＝ 按要執行的工作進行分解

● **分解的實踐**

用期限分解

四個月 增加客人	四個月 提升客單價	四個月 調整期間
A to do B to do C to do D to do	A to do B to do C to do D to do	第八個月開 會決定方針

但是，遇到這種情況時，分解期限很重要。

用「四個月達成這些目標，八個月達到這種程度，一年完成所有的目標」的方式，明確規劃不同階段的目標，最終達成十億圓的目標。

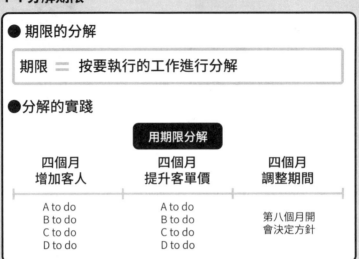

首先要分析現狀的九億圓營收狀況，於是就會發現，是因為有九萬名客人買了一萬圓的商品。

「營收」等於「客人人數」×「客單價」，因此可以分成「要增加購買客人的人數」，或是「增加購買單價」這兩個課題進行思考。具體來說，就是要將購買的客人人數從九萬增加到十萬人，還是把客單價增加到一萬兩千圓。到此為止的部分，前面已經多次說明。

接著，將「期限分解」加以組合。思考比較容易增加客人人數還是提升單價這個問題時，認為「這款商品有可能一買再買，首先增加客人人數，之後進一步思考是否有可能向客人推銷套組商品」，如此一來，就可以分成三個階段。

「最初的四個月作為增加客人人數的時期。」
「接下來的四個月是增加客單價的時期。」
「最後的四個月是調整時期。」

在分成不同的階段，決定大致目標之後，就能夠在這個基礎上，思考「誰在某個期限之前，必須完成什麼工作」等具體事宜。

「最初四個月的主要目標是增加客人人數，負責宣傳的B要在這個期間，在社群網站投入更多心力。」

「為了讓購買的客人願意留下正面評價，負責網站的C要在某月某日之前，增加分享的功能。」

「同時進行好友分享的促銷活動，由D在某月某日之前完成草案，某日再由大家一起討論。」

由此可見，在期限分解之後，就能夠決定方針和具體的日程。

總之，不要毫無計畫地試圖找到一口氣達成十億圓的手段，而是分解目標，明確「如何才能達成目標」，然後在這個基礎上分解期限，按部就班地加以執行。

上司指示目標時，如果沒有說明「在什麼時候之前」的期限，有些人就不會向上司確認。這種情況已經不是缺乏計畫，簡直就是魯莽了。如果希望工作上有成就，就必須確認期限，一旦了解期限，上司或許也就了解到這個問題的嚴重性。如果期限和自己想到的解決方案所需要的時間差異太大時，很可能雙方有認知差異，或是聽錯了。

「我很不擅長建立目標，從來沒有順利完成計畫的經驗」（山田）

在建立計畫時，分解成悲觀和樂觀的情況很有效。

很多人認為建立計畫，就是決定數字，像是「客人人數達到一萬人」，或是「營收達到十億圓」。

但是，在現實生活中，幾乎不可能發生不多不少，剛剛好達成計畫數字的情況。

所以，在建立計畫時不要只是瞄準數字，而是要分解成悲觀和樂觀的不同情況。

比方說，計畫客人一萬名×客單價十萬圓達成十億圓營收時，悲觀的情況下，客人數可能只有八千人，樂觀估計的話，可能有望達到一萬兩千人。客單價的問題上，悲觀估計為八萬圓，樂觀估計則可以達到十二萬圓。如果是「悲觀×悲觀」的劇本，就是八千人×八萬圓＝六億四千萬圓，離十億圓的營收還有很長一段距離。如果「樂觀×樂觀」順利達成，就是一萬兩千人×十二萬圓＝十四億四千萬圓，大幅超過了十億圓。在計畫時，必須要有這種程度的彈性。

然後，再與期限相結合，設想不同階段的悲觀劇本和樂觀劇本，就能夠在成效不如預期時，及時採取因應措施。

我再次重申，所謂的計畫，並不是精準說中某個數字的遊戲。

在建立計畫時，最重要的是設定「大致的範圍」，並且在這個基礎上，努力做出更理想的結果。

4-5 用悲觀和樂觀分解日程

悲觀的劇本（營收）＝悲觀的客人數×悲觀的平均單價

樂觀的劇本（營收）＝樂觀的客人數×樂觀的平均單價

	第 4 個月	第 8 個月	第 12 個月	
悲觀	2.2 億圓	2 億圓	2.2 億圓	總計 6.4 億圓
樂觀	4.8 億圓	4.8 億圓	4.8 億圓	總計 14.4 億圓

如果發現有可能變成悲觀的劇本，就要思考對策

將必須執行的任務分類

「有太多事情要做，無法排出優先順位……」（原田）

為各種不同的點子排出優先順位時，根據「效果顯著」、「效果不明顯」、「不耗費時間」、「很耗費時間」這四個象限分類的方法很有效（參考圖4-6）。「效果顯著，可以馬上完成」的點子當然要最優先進行，相反地，「效果不明顯，又耗費時間」的點子則可以放棄。

令人煩惱的是被歸類為「雖然效果很顯著，但很耗費時間」的點子。如果不刻意著手推動這種類型的點子，往往容易遭到一延再延。

比方說，在網購時，如果得知「引進新的付款方式要花費半年的時間」，

4-6 將必須執行的任務分成四大類

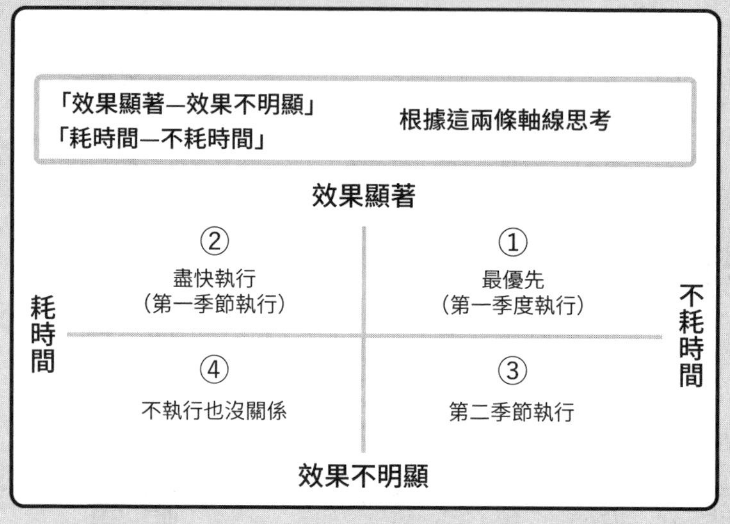

就很想之後再處理。

但是，冷靜思考之後，就可以發現付款方式多元化是必經之路，不可能一直使用銀行匯款的方式，所以要趁早引進其他付款方式。

將所有點子根據①「效果顯著，而且不費時間」、②「效果顯著，但很耗時間」、③「效果不明顯，但不需要耗太多時間」、④「效果不明顯，且耗費時間」這四大類型進行分類，並在此基礎上按照期限分解。

比方說，將一年分成四個季度，「效果顯著，而且不費時間」的項目必須在第一季度就開始執行，「效果顯著，但很耗時間」的項目也趁早著手進行比較妥當。

持續觀察執行效果，在第二季度之後開始執行「效果不明顯，但不需要耗太多時間」和「效果不明顯，且耗費時間」的項目，或是判斷「不執行」。

這種方法也可以用於整理自己的工作。

「有想做的事，但是沒有時間做這些事。」

這應該是很多人共同的煩惱。我經常為很多人諮商，在為對方分解、整理達到理想狀態的要素後，大家都興奮地表示：「哇！好厲害！我終於知道我要做什麼了！」

但是，當我最後問對方：「你有時間做這些事嗎？」大部分人都會低下頭回答說：「問題就在這裡……」好不容易整理出頭緒，最後卻無疾而終。

「這件事要做」、「那件事也要做」，每天忙得不可開交的人，首先要用原子思考，整理自己的工作，隨時捨棄不必要的工作。

在捨棄不必要的工作時，可以先用「耗時間—不耗時間」、「效果顯著—效果不明顯」製作矩陣圖，將手上的工作按照這四大象限進行分解，或是促進自動化。職場團隊用這種方式分解工作，就可以重新檢視整體工作。

比方說，如果每天的業務報告很耗費時間，又幾乎無法發揮什麼效果，就可以提議「這個真的有必要嗎？不用再花時間寫了吧？」

不需要耗費時間，效果顯著的工作就要持續做下去。對於那些雖然很耗時間，但效果顯著的工作，可以討論高效率完成的方法，當然，也可以將原本沒有效果的工作改變成效果顯著的工作。

判斷是否有效果時，從「為什麼目的而做這件事」的角度看問題很重要。

在公司內，不時會發生起初是基於某種目的而進行的某項工作，隨著時間的推移，漸漸淪為形式而已。在重新檢視「為什麼目的而做這項工作？」

時，就會發現「已經有一年的時間，完全沒有人在看這份資料了」，或是「法律已經修改，這個已經不需要了」之類的情況。隨時捨棄沒有意義的工作，增加有助於實現理想狀態的行動。

分解
銷售方式

「是否能夠藉由增加客戶，增加營收呢？」（山田）

說到「分解銷售方式」，通常會想到分解成實體店面和電子商務，但山田是電子商務團隊的負責人，所以就在電子商務的範圍內進行分解。

製造商想要加入電子商務時，通常都會在amazon、樂天市場或是Yahoo!購物等電商平台上開店。

但是，如果在多個電商平台上開店，就會增加營運成本，我經常發現某些企業在太多電商平台上開店，最後導致經營出問題。

如果已經在多個電商平台上開店，不妨比較一下每件商品的銷售金額和耗費的勞力、時間，大膽捨棄沒有利潤或是利潤微薄的網路商店。

在這個基礎上，使用71頁所介紹的「從相反視角看問題」的手法，思考「在電商平台上販售的相反情況是什麼？」

在電商平台上販售的相反情況，就是自家公司架設購物網站。雖然在電商平台上開店可以享受平台現成客人的好處，但在自家網站直接販售，利潤更加可觀，而且也不會被迫降價。

如果目前只有在實體店面銷售的公司，可以研究是否要在電商平台開店。如果決定開店，在多家電商平台中，尋找適合自家公司的平台很重要。

不要一開始就在所有電商平台開店，而是先找兩、三個平台試水溫，找到單價高、客層理想的電商平台。

用這種方式將銷售方式分解成「自家購物網站」和「電商平台」，摸索出能夠以最高單價出售的方法。

4-7 分解銷售地點

●分解銷售方式（例）

銷售方式 ＝ 銷售地點 × 付款方式 × ……

●分解的實踐（銷售地點）

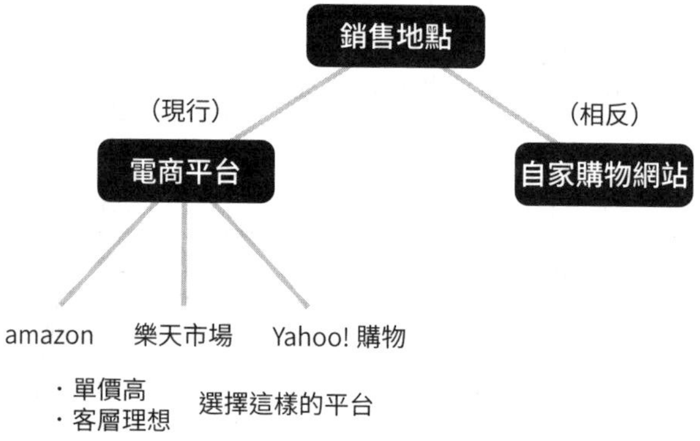

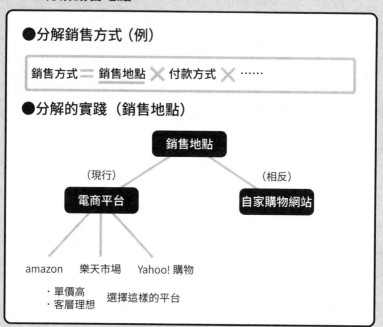

分解銷售方式

但是，增加「銷售地點」並不是一件容易的事。

「分解銷售方式」相對比較簡單。前面也有提過付款方式的問題，目前有銀行匯款、信用卡、行動支付、貨到付款、分期付款等各種不同的付款方式。

客人當然希望可以自由選擇付款方式，堅持要銀行匯款的人不會使用信用卡付款，喜歡用行動支付的人不會想跑去銀行匯款，所以必須掌握客人在購買自家公司商品、在網站或是電商平台時，更喜歡用哪一種付款方式。

但是，乾脆提供所有的付款方式，讓客人自由選擇的做法也有待商榷。因為付款方式太複雜，反而會讓客人產生猶豫。而且付款方式太多，也會超出網站的一個頁面，於是就失去了清晰明確感，令人感到不便，客人很可能會因為「感覺很麻煩，算了，乾脆不買了」。

分解銷售方式時，提示兩、三種可以滿足八到九成客人的方法最理想。

曾經有人認為，「iPhone 之所以暢銷，就在於任何人只要按一個鍵，就都會使用」（但眾所周知，目前 iPhone 已經沒有 Home 鍵了）。

同理可推，在分解銷售方式時，重點就在於要追求大部分人使用起來感覺很方便的手段。

分解商品和宣傳的方向性

「被問到『想把商品賣給誰？』時，我回答說：『三十多歲的商務人士』，結果被說『太籠統模糊』。」（山田）

這個世界上，經常會出現一些不知道誰會買的商品。

沒有客人購買的商品，當然完全賣不出去，必定會讓公司蒙受巨大的損失，這種情況的問題就出在並沒有分解商品的方向性。

我一再重複，營收目標＝來店人數×客單價，商品的方向性可以分解為**「雖然價格高，但只要有少數人購買就沒問題的商品」**和**「價格便宜，但希望很多人購買的商品」**。

比方說，同樣是商品，有的會打造高級感，賣給有錢人，也有的商品大量生產，以薄利多銷的方式，希望更多客人購買，就是商品的兩種不同方向性。

首先，在客觀了解市場時，必須了解自家商品屬於哪一種方向性。

我發現有很多公司並不在意商品的方向性，然後就在這種狀況下，開會討論銷售策略，參加會議的人的想法也缺乏統一的方向，於是就會發生有人認為「賣得便宜點，應該可以賣出更多」，其他人認為「絕對不能降價」的情況。

結果可能就會推出「高不成，低不就」，不知道要賣給誰的商品。

到底要多降價一圓，也想要多賣出一件商品，還是想要提升兩倍、三倍的價格出售？這兩種情況的方向性完全相反。因此，最初至少要區分「價格昂貴、只要少數客人能夠接受就好的商品」，還是「盡可能壓低價格，讓更多人購買的商品」，決定商品的方向性。為此，可以在來店人數 × 客單價的公式中填入具體的數字，讓所有人建立共同的認知。

如果決定設定為高價，就必須設計出與眾不同，讓對象客層認為「我就是想要這個！」的商品，所以必須在分解顧客的同時，思考要推出什麼樣的商品、服務，如何進行宣傳。如果走薄利多銷路線，就必須讓更多會因為「價格這麼便宜，非買不可」的人知道商品訊息。

為什麼要分解方向性

分解商品的方向性將在日後變得更加重要。這和當今日本社會，中產階級越來越少，有錢人和窮人兩極化的現象有密切關係。

根據資料顯示，日本社會的兩極化已經非常明顯。根據厚生勞動省公佈的「二〇二一年國民生活基礎調查」，日本的所得平均數是五百六十四萬三千圓，低於平均收入的比例為百分之六十一點五，由此可見，低於平均收入的家庭占大多數（中位數是四百四十萬）。

4-8 分解商品和宣傳的方向性

商品的方向性

・價格昂貴、只要少數客人能夠接受就好的商品
・盡可能壓低價格，讓更多人購買的商品

設定高價時，分析購買對象

分解「三十多歲的商務人士」（例）
・在都心工作？　外地工作？
・主管？　事務工作？　專業工作？
・什麼職業？　長時間使用電腦？　長時間和別人說話？

以金額級距來說，有百分之五點四的家庭所得低於一百萬，一百萬到兩百萬之間的為百分之十三點一，兩百萬到三百萬之間的為百分之十三點三，也就是說，有百分之三十一點八的家庭所得落在低於三百萬的區域。

從這種狀況可以發現，之前在高度成長期，針對占總人口八成的中產階級推出商品的銷售策略已經過時了。

如果不了解這個前提，仍然以早就不存在的八成中產階級作為銷

售對象進行討論的人，和以兩極化為前提發表意見的人在交換意見時，雙方的意見根本無法產生交集。正因為這樣，先分解商品的方向性，決定要走哪一條路線很重要。

根據使用的媒體分解客人

最近常見的現象，就是在社群網站上發文，也可以針對不同的媒體，區分方向性。

以我自己為例，在臉書上有數千個好友，其中有很多經營者，所以我的發文內容也是針對經營者的行銷話題。

我在推特上有兩萬名追蹤人數，我的發文內容以針對新創企業的行銷話題為主。在ＩＧ上有一萬名左右的追蹤人數，發文內容則是以包括外地在內的小型商務話題為中心，也會針對單親媽媽舉辦行銷講座。

雖然發文內容基本上都是「要重視客人」、「分解思考營收問題」之類相同的內容，但在不同社群媒體上，因為讀者層不同，所以我用字遣詞的難易度也會不同。

在寫這本書時，我設定為給推特和ＩＧ上的讀者層看的書。因為一本書不可能賣十萬圓，所以無法選擇「價格昂貴、只要少數客人能夠接受就好的商品」這個方向性，必須以「盡可能壓低價格，讓更多人購買的商品」為目標，所以我努力寫下讓更多人產生興趣的內容。

分解方向性之後，必然可以決定該怎麼做。

分解
成功的理由

「我想知道達到十億圓營收的確實方法！」（山田）

人在思考方法時，往往無法跳脫自己所知的知識範圍，但是只根據自己掌握的知識思考出來的方法往往有限。

我認為不妨向暢銷商品、成功的公司取經。

以山田的案例，當上司要求他提升百分之十的營收，達到十億圓的目標時，他不能悶頭思考，而是調查「在電子商務方面獲得成功的公司有哪些特質？」、「為什麼那些商品能夠暢銷？」

一家公司的商品暢銷，一定有暢銷的理由，所以必須分解暢銷的理由。

可以將暢銷條件分解成幾項重點，然後根據這些重點逐一檢視。假設商品必須具備以下三項條件，才能夠在電子商務上暢銷。

- 網站流量高。
- 網站的設計讓購物很方便。
- 商品本身很吸引人。

可以根據這三大軸線分解成功的公司，思考**「在電子商務上獲得成功的公司，到底哪些方面比自家公司更出色？」**

不妨觀察流行品牌購物網站 ZOZOTOWN，針對這些項目和自家公司進行比較。

〈ZOZOTOWN〉

【網站流量高】

- 電視上有打廣告，知名度也很高。

- 網站名字很好記。

【購物方便的網站】

- 可以使用搭配軟體，了解穿搭在身上的感覺。
- 有推薦商品和暢銷排行榜，容易找到自己想要的商品。

【商品本身很吸引人】

- 有各種品牌，商品很豐富。

〈自家公司〉

【網站流量高】

- 有時候會在網路上做廣告。
- 沒什麼人知道。

【購物方便的網站】

- 以單項商品的照片為中心，無法了解使用的感覺。

● 只能用商品類別搜尋，不容易找到想要的商品。

【商品本身很吸引人】

● 自家商品的陣容齊全，品質也很好。

用這種方式比較之後，就能夠擴大視野，了解自家公司該在哪些方面改進。

列出達到十億圓營收的企業在做的事

也可以用比較粗略的方式思考，然後把自己想到的問題寫下來。

● 付款方式豐富。
● 網站設計親切，購物方便。
● 很容易看到評價。
● 商品介紹親切仔細。

● 商品照片很漂亮。
● 商品變化豐富。
● 推出商品組合。
● 社群媒體上有許多正面評價。
● 提供定期購服務。

根據這些項目，從「哪些項目會影響訪客數？」、「哪些項目會影響單價？」、「哪些項目有助於吸引回頭客？」的角度思考，就可以整理出以下該做的事，順利達到十億圓的目標營收。

● 付款方式多樣化，降低離開率。
● 照片的品質和商品組合對提升單價很重要。
● 想要增加訪客數，由客人拉客人的方式（在社群網站上發文）很重要。
● 必須推出定期購。

4-9 分解成功企業

十億圓企業在做的事	對哪方面產生效果
·付款方式豐富	訪客數
·網站設計親切，購物方便	訪客數
·很容易看到評價	訪客數
·商品介紹親切仔細	訪客數
·商品照片很漂亮	單價
·商品變化豐富	回頭客
·推出商品組合	單價
·社群媒體上有許多正面評價	訪客數、回頭客
·提供定期購服務	回頭客

分解期限，付諸行動

列出所有項目之後，最後用期限進行分解。

接下來，只要決定「今年要做○○」、「這個季度要做○○」、「在什麼時間之前，要完成○○」、「這項工作由○○負責」。

決定接下來要執行的工作，就可以安排日程。比方說。

「這個季度要改善網頁動線，必須更加單純明瞭，同時增加付款方式，希望可以吸引更多客人。

所以這個月要決定網站和付款方式的方針，在二十日之前，請大家分頭調查那些方便購物、網頁動線很清楚的網站特徵，然後開會討論。至於付款方式，請某某某調查一下各種付款方式的優缺點。」

在開會時，經常發生缺乏分解的觀點，試圖想出好像全壘打般，一次解決所有課題的方法。

在現實生活中，幾乎不可能靠一個方法解決所有問題的情況，在開會時卻往往想要尋求全壘打方法，最後得出「雖然經過長時間的討論，但仍然沒有想出好方法」、「好，那就下週繼續討論」的結論。

只要運用原子思考進行討論，就能夠找到多個像安打般，分別解決個別問題的方法。

分解複數家企業，尋找共同點

當製造商建立自家公司的電商平台，就可以節省被認為高達百分之三十到四十的流通成本，利潤率自然會上升。根據我個人的分析，這些電子商務成功的企業，都把這些利潤妥善地運用在宣傳上。

一旦在電子商務中獲得更多的利潤，就可以降低商品的價格，或是增加成本，以相同的價格生產更高品質的商品。

而且利潤上升後，也可以向網紅提供商品，請網紅評價，達到宣傳效果，作為一種宣傳手法（稱為公關贈禮）。雖然無法輕易提供冰箱或是汽車之類大型商品作為贈禮，但是有足夠的預算贈送化妝品和生活用品之類的東西。

如果能夠在降低售價、提升品質的同時加強宣傳，購買人數就會增加，有助於提升營收。

據我的觀察，目前在電子商務方面很成功的企業，都是用這種方式，開發自家的經營手法吸引客人。

當我分享這些情況時，有時候會聽到「菅原先生，這是只有你才會知道的特殊資訊」，或是「在公司內負責電子商務的人，無法掌握這些情況」之類的反應。

事實並非如此，我和各位讀者的條件並沒有什麼不同。我在思考「不知道成功的公司都怎麼做？」這個問題時，找出幾家企業進行分析後，發現了這些公司的共同點。

在網路上蒐集分解的資訊

在當今的時代，每個人都有條件可以分解企業成功的理由。

原因之一，就是很多企業本身為了招募人員，接受媒體採訪，主動分享成功的要因。

找到順利完成公司的目標和理想的榜樣企業後，用那家公司的名字搜尋，可以發現不少採訪報導。

看了那些報導，就可以了解到「原來這家公司重視的是這些問題」。另一個原因，就是可以在推特上蒐集資訊。

除了榜樣企業會在推特上發文，分享目前公司經營策略以外，在推特上發問，有很多熱心網友願意回答。

「我很關心○○企業，能夠創造這麼驚人的營收太厲害了，不知道那家公司採取了什麼策略？」

在推特上發文提出這個問題後，就會有人分享「那家公司好像是找網紅業配獲得成功」、「聽說那家公司在商品開發上採取了和其他廠商不同的方法」。

雖然感覺好像只有追蹤人數很多的帳號，才能夠使用這種方法蒐集資訊，但其實即使追蹤人數很少，也完全沒有問題。

只要善加利用搜尋功能，就會發現也有其他人已經發文問了相同的問題，於是就可以找到其他網友回答的留言。

目前在推特等社群媒體上，大家也會分析、討論上市公司以外的企業成功的原因，即使不需要自己花時間分解，也可以找到這些資訊，從這些資訊中，學習這些企業推出暢銷商品的原因。

但是，並不是在推特上發文，「請教那家公司商品暢銷的理由」，就可以得到期待的回答。

在發問時，重要的是必須讓追蹤者對那家公司產生興趣。

「○○公司好厲害，讓□□這樣的商品大賣特賣，公司公佈業績達到了☆☆，不知道有什麼秘訣？」

在發文時，首先必須分享榜樣企業的魅力，讓大家產生興趣，然後再提出自己的疑問。在推特上蒐集資訊時，發問的方式必須讓網友方便回答。

從業界領先企業了解市場整體傾向

在分解「榜樣」企業時，務必要分析業界領先企業，了解「客人的需求是什麼，所以那家公司才能成為業界第一」。

消費行為很像是選舉的投票行為，第一名的企業獲得了許多消費者的選票，所以商品和服務才能夠暢銷。如果把市場第一名的企業作為榜樣，就能夠分解消費者支持的理由，同時了解消費者在那個市場的需求。

比方說，在當今的時代，特斯拉的汽車之所以暢銷，並不是因為車體這種硬體設備受到好評，而是特斯拉的車子能夠和網路連結，讓駕駛更舒適、更安全的軟體價值受到肯定。

如果沒有分解在電動車市場獲得成功的特斯拉，在討論時就不會發現軟體的價值，以傳統的想法思考改善方案。

「是不是外形不討喜？」、「是不是經銷商的促銷方案有問題？」

如果提出這些根本沒有切中要害的意見後，找知名設計師來設計，向經

4-10 分解成功的企業（特斯拉）

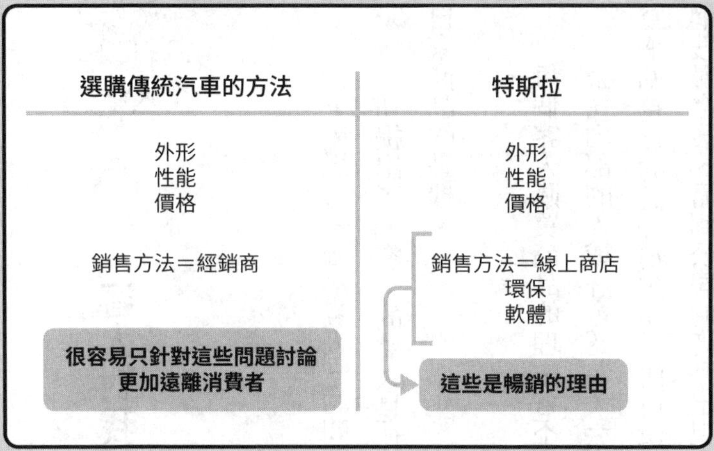

銷商提供更優惠的促銷方案，最後業績還是不見起色。

特斯拉在銷售上並沒有仰賴傳統的汽車經銷商，而是使用了名為「Shopify」的線上商店線上銷售，在網路上賣車子。

如此一來，就不再需要經銷商特有的促銷方式。必須了解一件事，今後做生意，如果不設定榜樣企業加以分解，就會離消費者越來越遠。

分解
客人的動機

「客人對我們公司的需求是什麼？」（上司說）

接下來思考「分解客人」的問題。

上司提出了「客人的需求是什麼？」這個問題，所以不妨分解客人購買自家商品的動機。

每個客人購買商品的理由各不相同。

公司內部的人或許會認為，「因為商品出色，所以客人才會購買」、「因為網站首頁的設計很親切，所以客人實際購買了商品」，但客人可能只是上網搜尋之後，看到公司的商品出現在前幾筆資料中，於是就買了。

最近發生了一起糾紛，「在網路上搜尋後，委託出現在第一筆資料的業者來回收廢品，結果被敲了竹槓」，客人購買商品的動機往往就是這麼單純（雖然我不會說，搜尋之後，出現在第一筆資料的業者都是黑心商人，但我發現很多誠實經營的業者，都不太熟悉網路市場）。

言歸正傳，如果沒有明確了解「為什麼客人會購買本公司商品」的購買動機，原本以為能夠增加營收的措施很可能會造成相反的結果。

比方說，客人明明欣賞「嚴格挑選品味出色的商品」，但店家認為「增加客人選擇的自由度更理想」，增加商品的種類，結果反而導致商品賣不出去。

必須根據購買動機分解客人，決定最重視哪一種購買動機的客人，提供客人方便購物的方法。

客人真正的需求

參考問卷調查和網路評價，分解商品的購買動機。比方說，可以分解成以下的理由。

- 因為喜愛商品。
- 因為購買方便。
- 因為可以集點數。
- 因為有折扣。

其中，基於「可以集點數」和「因為有折扣」的理由而購買的客人，無法期待他們能夠成為長期的客人。

因為如果無法集點數或是沒有折扣，他們就不會購買，而且如果其他店家引進集點活動或是有折扣，他們可能會立刻去其他店。

4-11 分解動機

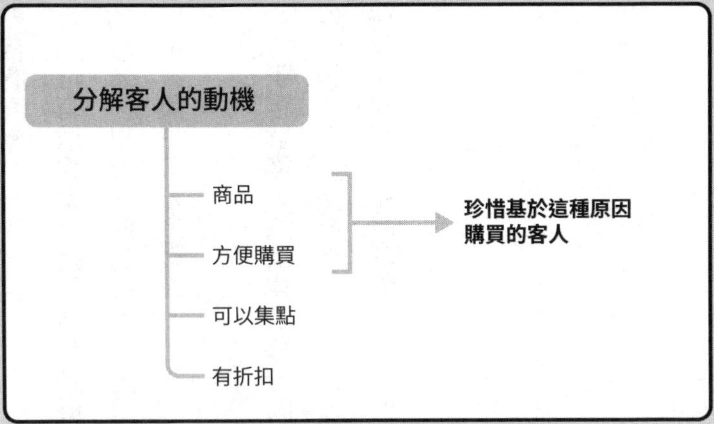

真正的忠實顧客（優良顧客），即使推出了折扣，他們也不會感到高興，他們往往是基於「因為有線上客服」、「遇到問題，會親切地協助解決」、「店員告訴我，『這款商品是特地為我進貨』」等這些特別的體驗，願意花錢購買商品。

在當今的時代，無論家電商品還是衣服，要在商品的功能和品質上追求差別化並非易事。對客人來說，比起商品的差別化，他們認為對店員的良好印象、對顧客的態度，以及店員記得自己更有價值。

沒有敏銳察覺這種購買動機的企業，為了節省經費，就會刪除接待客人的成本，以及客服的成本，追求經營的合理化，但是最近有越來越多企業發現了這種想法完全錯誤。

不了解客人的購買動機，向錯誤的方向努力的結果，導致客人出走，就變成賠了夫人又折兵。分解客人的購買動機，思考如何增加因為正面理由購買商品的客人非常重要。

分解客人

「想要優化網站，該重視哪一類的客人？」（山田）

行銷學中通常將客層分為「忠誠顧客」、「一般顧客」、「流失顧客」、「有認知，但並未購買顧客」和「未認知顧客」這五大類。

「忠誠顧客」……不但認識品牌，而且購買頻率高。
「一般顧客」……認識品牌，購買頻率為中度至低。
「流失顧客」……認識品牌，而且曾經購買過，但現在不買了。
「有認知，但並未購買顧客」……雖然認識品牌，但從來沒買過。
「未認知顧客」……完全不認識品牌。

4-12 分解客人

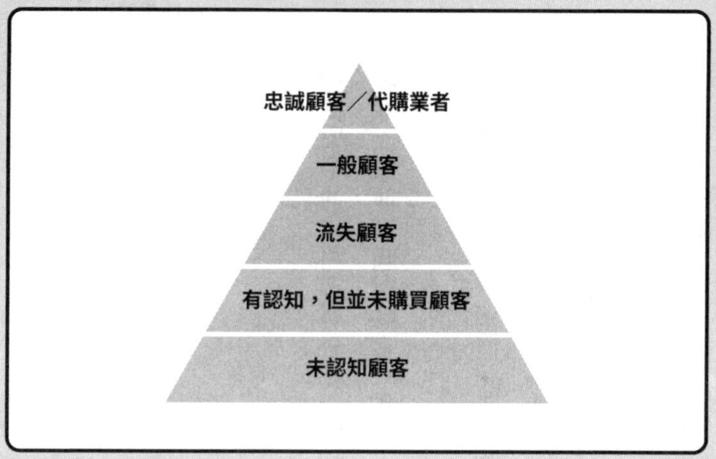

可以根據這個分類，思考該增加哪一類型的客人。

只是必須注意的事，在目前的時代，「代購業者」也包含在其中。

比方說，像 Nike 這種熱門品牌，除了忠誠顧客和一般顧客以外，以前從未買過的客人和代購業者等各式各樣的人，都會在電商購買限量球鞋。

假設品牌方面決定，「引進讓大量購買的客人更方便購買的措施」，乍看之下，似乎是合理的判斷。

但事實上，「代購業者」購買熱門品牌商品時，通常比忠誠顧客買得更多。因為代購業者要代人購買，當然必須買很多。

只不過在資料上，無論是「代購業者」還是真正的忠誠顧客，都會「大量購買商品」，如果只是「優待大量購買商品的客人」，就會更加助長代購業者的購買，導致大量商品出現在代購網站上。

優待代購業者，也會得罪重要的客人。

「搞什麼嘛，我們使用這個品牌的商品已經超過十年，現在品牌方竟然特別照顧代購業者。既然這樣，不如去買其他品牌的商品。」

如此一來，就會流失忠誠顧客和一般顧客。

如果現在要投入電子商務，至少要把顧客分為「忠誠顧客」、「一般顧客」和「代購業者」這三大類。其中最重要的當然就是「忠誠顧客」，引進方便這類客人購買的商品和方案最重要。

同時，也要努力把「一般顧客」、「第一次消費的顧客」培養成「忠誠顧客」。

設法排除代購業者也是重要的課題。從長期的觀點來看，想要增加公司的營收，不能只看眼前的數字，而是為真正重要的客人提供商品。

如果只看數字，很容易忽略真正重要的客人，必須格外注意。

分解客人，完成一百億營收

分解客人，對完成營收也有幫助。

這是我個人的例子。以前，當公司迅速成長時，公司的營收必須從原本的數億圓增加到數百億圓。

只經營過數億圓規模公司的人，突然必須達到數百億的目標。通常會認為這根本是不可能的事，而且我對該怎麼做也完全沒有頭緒。

於是，我決定用原子思考。

首先思考「目前的營收狀況」，發現是經由四十家公司的宣傳窗口，每個月賣一百萬圓的廣告費，所以每年大約有五億圓的營收。

因此，可以用以下的公式表示：

一百萬圓×四十家公司×十二個月

如果用以前的方法達到超過一百億營收，必須接到一千家公司的廣告。雖然員工增加了，但即使提案二十次，就可以成功一次，也必須提案兩萬次。因此認為不能靠數量，而是必須提高單價。

哪個行業的工作可以賺這麼多錢？當我思考這個問題時，想到了顧問業。顧問業通常都做數千萬到數億圓的案子。

於是我也有樣學樣，設計了一千萬圓和一億圓的廣告商品，實際向客戶推銷，但都完全賣不出去。

和企業做生意，如果想要提升單價時，就必須更換洽談的對象。

在賣一百萬的廣告時，金額在負責數位廣告的窗口能夠決定的範圍內，所以向窗口提案就能夠解決問題，但是金額達到一千萬時，就必須向更高層的主管提案，而且有時候對方會對將數位廣告全都交由一家公司處理面露難色。如果高達一億圓的金額，就必須向更高層的宣傳部長或是CMO（行銷總監）提案，但宣傳部長和行銷總監說：「電視廣告的費用也差不多一億圓，既然這樣，電視廣告不是更好嗎？」所以我每次都只能敗興而歸。

為什麼提案十億圓的案子？

雖然我已經知道這麼高金額的廣告賣不出去，但是也不能再降價，唯一的方法就只能再抬高價格。於是我盤算著「不如乾脆試試十億圓？」

為什麼會設定十億圓？

當一千萬圓的廣告和一億圓的廣告賣不出去時，也可以稍微提高價格，設定在兩千萬圓和兩億，但是正如我在前面提到的，如果不改變提案的對象，結果還是一樣。

於是，我心一橫，決定向更高層的經營者提案。

「請問貴公司有沒有認真處理數位廣告的問題？」

「如果完全都交給廣告代理店，公司手上就沒有任何資料，也無法掌握其中的訣竅。想要把資料留在公司內，就必須把廣告業務交給同一家公司處理。」

宣傳部長和行銷總監並不需要這種提案，但是我實際向經營者提案後，發現打中了他們。

之前在賣一百萬圓的廣告時，下訂率是百分之五，在銷售十億圓的案子時，下訂率是百分之三十，順利達成了一百億營收的目標。

用「客戶」能夠支付的金額進行分解，也是達到營收目標的好方法。

「為什麼我們團隊無法成功？」（山田）

我向來認為，「分解原因」基本上代表「發現組織內部問題」的意思。

山田的團隊面對距離十億圓營收目標還相差百分之十的問題，但這個問題的根本原因在於組織。

比方說，很可能是「有臨時想出一些短期措施加以執行的傾向」、「一味追求眼前的數字」等組織和個人的思考方式有問題。因此必須找出這些問題，及時加以解決。

那些能夠順利達成目標的企業，都具備了組織應有的樣子，才能夠成功。

只要組織能夠正常發揮功能，就不可能發生會阻礙完成目標的問題。

反過來說，正因為組織缺乏應有的樣子，採取一些隔靴搔癢的措施，所以才無法達成目標。

因此，分解組織的問題，也是達成目標的重要步驟。

分解原因時，和達成目標的企業、團隊進行比較的方法很有效。尋找榜樣企業，分解那家企業、部門所做的事，就可以了解自家公司和自己團隊的課題。

假設觀察總是順利完成目標的隔壁團隊，發現了以下的要素。

- 最初的戰略很明確。
- 團隊成員感情很好。
- 願意挑戰新想法。

然後再寫下目前自己團隊的狀況，或許就會發現有待加強的部分（參考圖 4-13）

4-13 分解成功的團隊

每次都能夠達到目標的團隊	自己的團隊
·最初的戰略很明確 ·團隊成員感情很好 ·願意挑戰新想法	·每年做的事都一樣 ·不敢挑戰新想法， 承襲原來的方法

在和「努力目標的其他企業」進行比較時，也可以使用這種方法。

只要比較細節部分，也許就會發現「我們公司的行銷和業務部門沒有充分發揮功能」、「商品開發部完全無視客戶的回饋」等課題。

如果只是主張「商品開發部有問題」，很可能在公司內部引起很大的反彈。

「這根本是把責任推卸給其他部門！」

「完全不說自己的部門有問

題，真不知道在鬼扯什麼！」

也許對方會這樣反駁。

但是，在分解榜樣企業後，提出發現的課題，就可以成為說服公司內部的有力材料。

「和對方溝通有問題……」（原田）

在此也說明一下如果針對溝通的問題進行分解。

每個人在和別人溝通交流時，很容易以自我為中心思考，所以當對方主張某種意見時，就會覺得自己的意見遭到了否定。

因此，那些無法冷靜討論，容易激動的人，或是固執己見、針鋒相對的人，缺乏從對方的角度看問題的態度。

擅長溝通的人，能夠從對方的角度看自己。在從對方的角度看自己的基礎上，主張自己的意見。

「你是不是這麼想？我也同意你的想法，但你認為這種想法如何呢？」能夠站在對方的角度思考問題的人，會尊重對方的意見，於是就可以避免發生衝突。

不妨看一下實際例子。

・失敗的例子

對方：「我認為這項措施不會成功。」

自己：「你憑什麼說這種話?!」

用這種方式說話，就會產生對立。

・成功的例子

對方：「我認為這項措施不會成功。」

自己：（為什麼？上次不是很成功嗎？不知道站在對方的立場，是怎麼看這個問題？）

自己：「你為什麼會這麼認為呢？」

對方：「上次剛好有網紅介紹我們公司的產品，未必是這項措施奏效。」

如此一來，就可以在了解對方想法的情況下，繼續進行討論。

關鍵在於必須分解自己和對方，能夠站在對方的立場上思考問題。

「自己和對方的意見不同。正因為有不同的意見，如果不首先理解對方的意見，對方也不可能接受我的意見。」

必須回到這個本質，首先理解對方，站在對方的角度表達自己的意見，溝通就會變得很順暢，對方也能夠接受自己的意見。

除了在職場和家庭內，和客戶溝通時，也可以用這種方式。

即使從自家公司的角度強調自家公司的優點，也只會讓客人感到厭煩。首先必須理解和掌握客戶對自家公司的需求，然後再針對對方的需求介紹自家公司。

分解事實和推測

經常有人提到，說話費解的人，往往有把事實和自己的推測（意見）混在一起的傾向。我們在說話時，必須將事實和推測明確分開。

假設以個人推測為依據，表達了「我認為今後電視這種媒體會沒落，所以我們不要再靠電視進行宣傳」的意見。

如果要表達這樣的意見，必須先蒐集電視的收視率等相關資料，在事實的基礎上，主張自己的意見。

不妨分解以下這段話。

「最近的調查發現，網路廣告的成長顯著，今後電視這種媒體會沒落，所以我們不要再靠電視進行宣傳。」

事實：最近的調查發現，網路廣告的成長顯著，電視廣告有減少傾向。

意見：不要再靠電視進行宣傳。

「採用這種方法，不會對其他方面產生影響嗎？」（山田）

分解服務模式和商業模式，對提升營收、做出成果很重要。

服務模式就是向顧客提供服務的方式，建立在和顧客約定的基礎上。

前面有提到我進入SmartNews時，請公司「增加使用人數」這件事。雖然和山田的例子無關，但這次我想分享我個人的例子。

SmartNews藉由增加資訊量，改善易讀性，提升使用者的使用方便性，增加使用人數和使用者使用網站的時間。

公司的商業模式是當使用者人數增加，使用時間也增加時，就可以賣更多廣告欄位，商業模式就是有效販售廣告。

服務模式和商業模式都很重要，是支撐業績的兩大支柱。

假設銷售廣告的團隊完全沒有考慮到使用者的使用方便性，只想到靠廣告賺錢這種網路媒體的商業模式，突然將廣告量增加兩倍，會造成什麼樣的結果？使用者會覺得「廣告太多了，太難用了」，然後就放棄使用。

使用者減少，營收就會減少。為了彌補減少的營收，只好再度增加廣告投放，於是導致更多使用者放棄。這就是因為商業模式為服務模式帶來負面影響的情況。

相反的，如果因為服務模式理想，導致使用者增加，在不造成使用者負擔的範圍內投放廣告，就是良好的商業模式。

「因為使用者增加，所以能夠讓更多人看到廣告。」用這種方式逐漸提升廣告的銷售，才是理想的商業模式。

4-14 網路媒體的服務模式和商業模式

【服務模式】

藉由增加資訊量，改善易讀性，提升使用者的使用方便性，
增加使用者人數和每一位使用者使用網站的時間。

【商業模式】

當使用者人數增加，使用時間也增加時，就可以賣更多廣告欄位，
有效販售廣告。

廣告增加超過必要的程度時，會對「易讀性」造成負面影響，
導致使用者人數減少，商業模式就無法成立。

事實上，除了經營者以外，很少有人將商業模式和服務模式分解思考。

但是，必須認識到，只有服務模式和商業模式同時發揮功能，營收才能夠順利成長。

附錄

提升解析度，思考的啟示

「思考」作業不必悶頭進行

在社群網站上和大家交換意見

在本章中，將介紹如何養成提升解析度思考的習慣。

首先，我很重視藉由社群媒體，和各式各樣的人交換意見。每天只和公司的同事說話，思考方式往往會以公司的角度為中心，無論解決問題還是構思企畫時，都無法跳脫公司的視角。所以我大力推薦在社群媒體上發文表達自己的假設和想法，和公司以外的人交換意見。

我每天要和將近一百個人交換意見，相互提供資訊。

「你有時間每天和這麼多人聊天嗎？」

或許有人會產生疑問，但其實只要靈活運用社群媒體，就可以輕鬆做到這件事。我周遭也有不少人都用這種方式和他人交流。

比方說，在臉書的 Messenger 傳訊息給朋友，「我認為元宇宙會向這個方向發展，不知道各位有什麼高見？」

只要用**「自己的意見＋向對方請益的內容」**的方式發問，就可以獲得很多回應。

只要有一百個人回饋他們的想法，就可以大致了解整個社會對這個話題的反應。

「原來很多人和我的想法很類似。」

「幾乎沒有人和我有相同的想法。」

「大家對這個問題似乎都沒什麼興趣。」

於是，就可以做出統計性的判斷。有創業家精神的人或許會覺得，「既然大家都不看好，反而應該挑戰一下」。

我經常針對各種不同的主題發文後，發現一件事，那就是可以了解大家關心的話題。

「雖然大家對元宇宙的話題反應很冷淡，但不知道是否有機會賺錢，在聊ＮＦＴ的話題時，大家的反應超熱烈。」

看到有人回應「ＮＦＴ有一種詐騙的味道」，也可以了解到，原來有不少人有這種感覺。

於是就可以分解ＮＦＴ中哪個部分看起來有詐騙的味道，提升對方思考方式的解析度。

用這種方式，可以接觸到從自己的觀點完全想不到的想法，增加自己的不同觀點，同時提升思考的品質。

分解之後，更方便討論

為工作上的問題煩惱時，很多人會因為「這是公司內部的問題，無法和別人討論」、「上司把這個問題丟給我，所以沒辦法和上司討論，如果問同事，同事也會說『我不知道』……」而陷入孤立。是不是很多人都對「必須自己思考」這件事感到壓力很大？

本書介紹的原子思考，也可以在獨自思考時發揮作用，但更可以吸收別人的點子，讓自己的思考更出色。

也就是說，因為沒有分解問題，所以才會覺得如果不從一到十，說明所有的情況，就無法請教別人。其實只要分解，就不需要長篇大論地說明背景，或是赤裸裸地公開公司的資訊，可以針對自己整理出來的部分，請教別人「我該怎麼辦？」

真正提升解析度，就不要獨自思考，而是大家一起思考更有效率。從各種不同的角度思考，就能夠更具體地看清楚細部。

當然，如果問別人：「我們公司目前的營收差不多五千萬圓，但要提升到一億圓，到底該怎麼做？」的確透露了太多公司內部的資訊。

但是，運用原子思考，用「營收可以分解為件數乘以客單價」的公式更加具體化，就可以更具體地請教別人：「有沒有什麼方法可以將客單價提升一倍？」

而且可以進一步分解問題，提出「由客人介紹其他客人，是增加案件數最理想的方法」的假設，然後請教別人，「有什麼方法可以建立口碑，讓客人介紹其他客人？」就能夠在不公開公司內情的情況下，請教別人更具體的方法。

更進一步說，也可以請教別人分解的方法。

「我正在思考如何提升營收的方法，把營收分解為件數乘以客單價，然後想用怎樣怎樣的方法提升客單價，你認為可行嗎？」

用這種方式發問時，對方可能就會回答：

「這種分解方法好像有問題。」

「如果是我，在目前的時代，社群媒體是招攬客人的最佳管道，用這種方式分解，一定能夠成功。」

於是，或許可以得到更有意義的回饋。

在社群網站上，輕鬆的發問方式比正經八百提問更理想

有些人認為，向公司以外的人請教問題時，必須先寫電子郵件，和對方約定時間，然後預約對方一個小時左右的時間，用 Zoom 線上交談，或是登門拜訪。

但是，這種方式會增加對方的壓力，所以往往無法輕易拜託別人。

其實只要靈活運用臉書上的 Messenger，就可以輕鬆地向臉友發問，集思廣益，簡直就像外掛了一個智囊團。

和臉友之間建立能夠相互討論「你對這個問題有什麼看法？」的關係，並不是太困難的事。

在發問時，不要寫得太正經八百。

不妨想像一下，如果看到別人在 Messenger 上用以下的長篇大論發問，自己會有什麼感覺。

「謝謝你平日的照顧，你之前在〇〇的事上幫了我很大的忙，萬分感謝。今天和你聯絡，是想就□□的問題，請教你的意見。容我先說明一下背景，目前是△△△的狀況……所以我想請教的是……」

看了這樣的內容，是不是覺得心情很沉重？

為什麼發問時會這麼緊張？八成是太依賴某一個特定人物的關係。當依賴某一個人時，如果對方無法給自己百分之百的答案，就會很傷腦筋，所以就會不由得緊張起來，發問時也變得畢恭畢敬，反而造成對方的心理負擔。

但如果向臉書上的一百個臉友發問，只要有十個人回覆就足夠了，即使有人已讀不回也沒有關係，彼此已讀不回，或是不讀不回都沒有關係。

發問時，可以採用「我想請教一個問題，請問你對這件事有什麼看法？」或是「我這麼認為，但很想聽聽其他人的意見，所以，請說說你的想法，即使只是簡單的想法也沒問題」這種輕鬆的方式，對方也能夠輕鬆回答。

不是「用輕鬆的方式發問也ＯＫ」，而是**用輕鬆的方式發問更好**，所以那些「會忍不住畢恭畢敬」的人要特別注意。

在社群網站上，建立容易發問的環境

要在社群網站上建立外掛智囊團時，必須注意以下幾件事。

首先，平時就要養成交換資訊的習慣。

比方說，不需要寄發電子郵件或是ＤＭ，也可以定期在臉書上發表自己的想法和面臨的課題，行銷同業或是創業家朋友就會踴躍回覆。

在搭電車或等紅燈時，就可以拿起手機在臉書上發問，完全不需要耗費時間成本。

向好幾年都沒有交流的人發問，難度的確很高，但只要平時經常和臉友相互按「讚！」，在彼此發文時留言交流，有助於了解彼此，就更容易發問。

在當今的時代，既然有這麼好用的工具，就必須充分使用。只要運用這些工作，就不需要孤軍作戰，一個人想破腦袋。

還有另一件必須注意的事，就是**要不時主動提供資訊**。

如果整天都向別人發問，很可能久而久之，別人就不願意再回覆了，所以一旦掌握了有可能對他人有幫助的資訊，就要主動發文和他人分享，同時，如果有別人發問，在自己力所能及的範圍回答的態度也很重要。

詢問「你為什麼會有這種想法？」

在別人的回覆中，有些人的想法很精彩。

如果有人提出很活躍的想法，建議可以進一步請教對方：「你為什麼會這麼想？」

「我認為你的想法跳脫了框架，請問你是怎麼想到的？」

用這種方式發問，對方就會用文字的方式告知思考的過程。

「因為現狀是這樣，不適合使用這種方法，所以我認為那種方法最理想。」

「我認為在思考營收的問題時，用這種方式分解，比分解那個要素更有效。」

每個人的思考過程都不相同，在交流過程中，吸引別人的思考方式，就可以高效率地學習。

分解到有具體知識和經驗的單位後發問

如果針對「要創造十億圓營收」這個問題，想徵求別人的意見時，該怎麼做？「想要提升簡報的技巧」時，只要看說明簡報方式的書就好；「想認識經營者」，可以看如何建立人脈關係的書，但是，並沒有人把「創造十億圓營收的方法」寫成書。

但是，只要逐一分解挑選客人的方式和提案的方式等每一個要素，每一個要素都有各自的專業知識和經驗。因此，可以分解到有具體知識和經驗的單位，再請教他人相關的方法，分成不同的階段執行，就能夠逐漸接近目標。

團隊的所有人一起尋找答案

我對自己指導的公司，幾乎不會直接提示類似「那我們來這麼做」的答案。

「我們來達成十億圓營收的目標，為此，最好的方法就是設定單價是原來的兩倍，所以，請你們把單價提高一倍。」

如果我一開始就提示這樣的答案，第一線的工作人員一定會產生疑問，納悶「為什麼要這麼做？」，因為太跳躍，對方無法了解其中的合理性，以為只是我主觀的想法。

「如果單價提高一倍，購買的人數不是會減少超過一半嗎？整體營收反而會減少。」

一定會有很多人提出類似的反對意見。

我向來認為，讓在第一線工作的人自己發現方法，並且在認同那種方法的基礎上實際展開工作最重要，所以我會邀請負責專案的人員一起舉辦工作坊，一起思考方法。

比方說，我會在工作坊內提出「需要具備哪些條件，才能達到十億圓的營收？」、「該如何分解這個專案？」等題目，然後一起討論。

在工作坊一起分解後，現場的工作人員就會提出自己的想法。

「既然要達到十億圓的營業額，如果單價降低一半，時間就不夠了。」

「想要達到十億圓的營業額，就要讓客人增加一倍才行。」

「與其指望增加一倍的客人，搞不好讓單價加倍還比較可行。」

「通常從我們向客戶推銷，到客戶實際下訂我們商品的時間都很長，所以可以想一想，是否有什麼方法可以把這段時間縮短一半。」

第一線工作人員充分了解工作內容，所以能夠提出很多符合實際狀況的想法。

當大家提出各種想法後，我再問他們：「請問你們打算如何安排這些方法的優先順序？」於是他們就會得出「我們想使用這個方法」的結論。
「只要能夠縮短前導時間，就可以有更多時間做其他事。」
「好，那我們就先縮短客戶的猶豫期。」
一旦得出結論，接下來只要付諸行動就好。
因此，我只是協助第一線工作人員自己發現方法，由他們自行解決問題。

只要是自己發現方法，自己做出的決定，即使遇到挫折，也能夠自己在檢討的同時修正軌道。

更重要的是，第一線工作人員**必須養成在遇到問題時，自己尋求解決方案的習慣**。只要團隊成員一起分解，就能夠在獲得所有人認同後，共同朝向目標努力。

希望閱讀本書的各位讀者在工作上也不要只是被人指使「要做這個」、「必須做那個」，而是在分解之後，找出自己力所能及的事。
只要養成自行思考，尋求答案的習慣，就能夠心服口服地投入工作，在向更高的目標努力時，也可以發揮作用。

邊寫摘要邊思考

團隊所有成員共同進行原子思考時，必須把內容寫在白板或是紙上，共同加以確認。

獨自思考時，寫在紙上也很重要，好幾個人一起思考討論時，寫下內容更是一項不可或缺的作業。

每個人的想法不一樣，即使在一起討論時，每個人的思考也不相同，因此必須明確掌握彼此的不同之處。

比方說，在討論「如何才能達成十億圓營收」時，有人想到了單價的問題，也有打算增加案件數量，也有人認為可以縮短前導時間，或是增加人員的方法。

業務能力強的人可能打算「我一個人提一個十億圓的案子」，但也有人認為「要運用團隊，每個人分擔一億圓，藉此達到目標」。

朝向哪個方向努力，該做的事完全不一樣，當每個人都在「各有所思」的狀態下進行討論，就無法產生交集。

因此，必須一起分解十億圓的營收，並且把分解過程寫在白板上，讓所有人都一目了然。如此一來，就可以讓所有人同時思考相同的要素，也可以了解到討論不夠充分之處。

寫下摘要，有助於預防認知落差

無論討論任何問題時，寫在白板或是紙上的方法都很有效。

比方說，在討論促銷方案時，某個部門的人可能會認為「提高經銷商的獎勵」，其他部門的人可能認為「社群媒體廣告更有效」，如果不明確各個部門之間有不同的想法，在沒有具體寫出來的情況下進行討論，就會發生以下這種雞同鴨講的情況。

「這次每件商品的金額是多少呢？（上一次針對主推商品，都提供了一件一百圓的獎勵金）」

「咦？不是針對所有的商品嗎？（只針對適合社群媒體的商品做廣告嗎？）」

這種雞同鴨講的討論，越討論越失焦。

尤其當有多人進行討論時，很容易發生「現在到底在討論什麼？」的狀況，因此，寫下摘要共同確認，就能夠避免與會者的認知落差。

寫下來的習慣，還有助於避免討論離題。

以「比方說？」形式的問題，讓答案逐漸聚焦

進行分析思考時，提出「比方說？」這類問題的方法也很有效。

我經常和外商公司一起合作，比較日本企業和外商公司的會議後，會發現得出結論的方法完全不同。

日本企業的會議上，每個人都努力想要說出「正確答案」，與會者苦思很久，最後才發表一番長篇的意見，所以會議的氣氛自始至終都很沉重，沉默的時間也很長。

但是外商公司的人在開會時，都會踴躍發表意見。

「我們可以和有影響力的人合作，每個人在會議上列出十個名人。」

假設會議上討論這個主題，一定會有參加者問：「比方說呢？是指工商

界的名人？還是 YouTuber？」

在明確這個問題之後，討論的內容就會越來越具體。

「因為我們的客戶是商務人士，當然是工商界的名人比較理想。」

「也可以跨界找運動界和藝術方面的名人。」

「但要排除◎◎領域的人。」

由此可見，「比方說？」這類問題可以發揮威力，讓討論更加聚焦。

日本企業的會議上，幾乎不會出現「比方說？」的發言。因為每個人都認為開會時，一旦發言，就要說出像樣的回答，不可以說自己沒有把握的話。如果最終說出的答案剛好符合上司和公司的需求，或許會受到肯定，但是如果不符合，就會影響個人評價。

明明絞盡了腦汁思考，卻無法受到肯定，未免虧太大了。

更何況在無法了解方向的狀態下思考解決之道，根本不可能想出正確答案。由此可以發現，日本企業的會議中，並沒有徹底分解討論的主題。

無論在開會時，還是在日常聊天時，都要隨時養成運用「比方說？」問題，尋找明確答案的習慣。只要養成用「比方說？」問題進行分解的習慣，就能夠順利找到真正的答案。

「比方說？」的發問方式避免傷和氣

向上司發問時，如果問：「這是什麼意思？」或是「我不太了解，這是怎麼回事？」等於要求上司詳細說明，上司很可能會覺得麻煩。

有的上司甚至可能會大發雷霆地問：「你怎麼連這種事也不知道？」

但是，如果換一種方式說：「比方說，可能是這種情況，也可能是那種情況，或是那種情況，請問比較接近哪一種情況？」上司只要三選一，就不會有太大的負擔，而且也會發現，「原來他是不了解這個部分。」

如果說「我搞不懂」，聽起來像在抱怨，但如果用「比方說，比較接近哪一種情況？」的方式發問，談話就會順暢。

用「比方說？」的方式，讓人難以拒絕

在分解客戶的課題時，也可以用「比方說？」的問題。

我以前賣廣告給客戶時，會最先向客戶打招呼說：「我們現在來討論」，然後會問客戶：「比方說，貴公司較偏好哪一種類型的廣告？」

通常在賣廣告時，會先了解客戶的需求，「請問你們想要什麼樣的廣告？」然後把客戶的需求帶回公司，寫一份企畫書，日後再向客戶提案。

比起在向客戶提案之前，什麼都不說，突然提出讓客戶大吃一驚的提案，讓客戶事先了解提案的內容，更有助於增加下訂率。

我在和客戶溝通的階段，就努力在傾聽客戶談話的同時，藉由「比方說，像是這樣的嗎？」或是「這個和那個，你認為哪一個比較好？」等問題，分解客戶的需求，於是就能夠慢慢接近對方的期待。

「這是不是你真正想要的？」

「沒錯沒錯，我一直希望看到這種提案。」

「那我回去寫企畫書。」

因為和客戶針對深入聊了一個小時，所以回到公司之後，只要著手寫企畫書。從過去的投影片中找出必要的資料，交出客戶想要的企畫書就搞定了。

因為事先已經確認「這就是你想要的內容，對嗎？那我回去寫企畫書」，所以在這個基礎上的提案不必擔心遭到拒絕，而且對方還一定會感謝你「這就是我要的，謝謝你」。

賣商品的人或許在賣完商品之後，工作就告一段落了，但是買商品的人在購買行為之後，才開始和商品打交道。比起思考如何才能賣得出去，思考如何讓購買商品的人和企業獲得超越價格的改變，商品自然會暢銷。

結語

「如何才能帶來更大、更理想的結果？」

這是我無論在做任何工作時，都會隨時思考的「問題」，也是我投入那項工作的意義。

踏入社會二十五年來，我曾經和很多企業合作，雖然曾經犯過錯，但也獲得了巨大的成功。我在工作上獲得成功最有效的方法，就是把這個複雜的問題「細分後進行思考」，然後加以解決——這就是「原子思考」。

為了能夠和更多企業分享這種想法，我在二〇一八年創立了Moonshot（飛向月球的大膽計畫、十倍成長的意思）這家為企業提供指導的公司。我用這種思考方式，同時為多家企業提供了類似「打壁球」的服務，由企業自己發現問題，然後加以解決，進一步獲得了成長。

看到這些企業的成長，我不禁產生了一個想法。

「除了向企業提供這種想法，如果能夠和更多想要在工作上做出成績的人分享，不知道會有什麼樣的結果？應該可以有更多人像我的客戶企業一樣，做出出色的『成果』。」

我對此深信不疑。

有一天，《動機革命》等暢銷書的作者、革新家尾原和啟先生邀我參加他的線上沙龍「尾原的沙龍駭客」，當時，我和尾原先生、線上沙龍成員分享的「行銷腦（＝行銷人是用什麼方式思考事物？）」的內容很受歡迎，也成為出版這本書的契機。沒錯，尾原先生是第一位相信這本書會成功的人。

之後，在SB Creative出版社的多根先生，和協助編輯的渡邊先生的大力支持下，「行銷腦」的概念得以發展成這本書的主題「細分後思考（原子思考）」，成為更多人容易理解的內容。正因為這三位人士相信了這本書充滿可能性，這本書才能夠問世，同時，也因為很多讀者相信這本書，在尚未出版時，就踴躍預購，所以在預購時，就衝上了亞馬遜書籍排行榜的第一名。我發自內心感謝各位。

正在閱讀本書的各位讀者，正是我希望能夠藉由這本書，協助你獲得更理想的成果，改變人生的對象。

我將全力支持想要藉由閱讀這本《原子思考》後改變自我的人。

正如本書開頭所寫，對任何工作來說，生產性都很重要，如今已經進入了一個追求成果的腦力勞動時代。

但是，學習更能夠有效獲得成果的思考方式並非易事。通常必須在大學畢業後，再去商學院讀MBA，然後在顧問公司工作後獲得實務經驗。

我認為越是複雜的事，越需要簡單拆解後再進行思考，所以在這本書中，沒有使用「思考框架（Framework）」或是MECE分析法之類艱澀的專有名詞和思考方式，我希望所有讀者都能夠把握事物的本質，獲得成果。

這本書有一個重大目的。

我希望能夠藉由更多人閱讀這本書，讓那些沒有錢繼續求學的人，也能夠在工作上做出成果，增加收入，避免貧富差距進一步擴大。即使不需要去大學和商學院學習經營和行銷方面的專業知識，也能夠在工作上做出成果。

這正是我對於這本書問世，「如何才能帶來更大、更理想的結果？」這個問題的答案。

最後，請各位用主題標籤「#細分後思考」、「#原子思考」，在社群媒體上分享閱讀本書後的感想和疑問，或許我無法回答各位所有的問題，但我一定會看。

我在貧窮的單親家庭長大，無法讀大學，沒有錢，也沒有任何證照或是執照，在掌握「原子思考」後，獲得了成果。

你也可以藉由這本書改變。

二〇二三年十一月十日

菅原健一

國家圖書館出版品預行編目資料

原子思考：減少 80% 的無效努力，增加 1000% 的驚人成長 / 菅原健一著；王蘊潔譯. -- 初版. -- 臺北市：平安文化, 2024.4　面；　公分. --（平安叢書；第 793 種）(邁向成功；98)
譯自：小さく分けて考える
ISBN 978-626-7397-34-3（平裝）

1.CST: 職場成功法 2.CST: 思維方法 3.CST: 思考

494.35　　113003483

平安叢書第 793 種
邁向成功 98

原子思考

減少 80% 的無效努力，增加 1000% 的驚人成長

小さく分けて考える

作　　者—菅原健一
譯　　者—王蘊潔
發 行 人—平　雲
出版發行—平安文化有限公司
台北市敦化北路 120 巷 50 號
電話◎ 02-27168888
郵撥帳號◎ 18420815 號
皇冠出版社（香港）有限公司
香港銅鑼灣道 180 號百樂商業中心
19 字樓 1903 室
電話◎ 2529-1778　傳真◎ 2527-0904
總 編 輯—許婷婷
執行主編—平　靜
責任編輯—陳思宇
美術設計— Dinner Illustration、李偉涵
行銷企劃—鄭雅方
著作完成日期— 2022 年
初版一刷日期— 2024 年 4 月
初版二刷日期— 2024 年 6 月
法律顧問—王惠光律師

讀者服務傳真專線◎02-27150507
電腦編號◎368098
ISBN◎978-626-7397-34-3
Printed in Taiwan
本書定價◎新台幣 360 元 / 港幣 120 元